U0936483

世界卫生组织

烟草制品管制基本手册

主　译　胡清源

副主译　侯宏卫　陈　欢

科学出版社

北　京

内 容 简 介

本书从烟草制品管制基础知识、烟草制品管制国际指南、监管需求和监管能力评估、实施监管前的考虑因素、实施与潜在挑战、新型和改良烟草制品及相关产品以及烟草制品相关信息的测试与披露等多方面进行了深入的阐述，并进行了相关案例研究。

本书会引起吸烟与健康、烟草化学和公共卫生学等诸多领域研究人员的兴趣，可以为涉足烟草科学研究的科技工作者和烟草管制研究的决策者提供权威性参考，还对烟草企业的生产实践有重要的指导作用。

图书在版编目(CIP)数据

烟草制品管制：基本手册/世界卫生组织编；胡清源主译. —北京：科学出版社，2019.3

书名原文：Tobacco Product Regulation: Basic Handbook

ISBN 978-7-03-060814-7

I.①烟… II.①世… ②胡… III.①烟草制品－管制－手册 IV.①TS45-62

中国版本图书馆CIP数据核字(2019)第045420号

责任编辑：刘 冉 / 责任校对：杨 赛
责任印制：吴兆东 / 封面设计：时代世启

科 学 出 版 社 出版
北京东黄城根北街16号
邮政编码：100717
http://www.sciencep.com
北京虎彩文化传播有限公司印刷
科学出版社发行 各地新华书店经销
*
2019年3月第 一 版 开本：890×1240 A5
2019年3月第一次印刷 印张：8 1/4
字数：250 000

定价：120.00元

（如有印装质量问题，我社负责调换）

TOBACCO PRODUCT REGULATION
Basic Handbook

翻译委员会

主　译： 胡清源

副主译： 侯宏卫　陈　欢

译　者： 胡清源　侯宏卫　陈　欢

张小涛　刘　彤　韩书磊

付亚宁　王红娟

目　　录

Contents

前　言

尽管烟草使用是一个重大的公共卫生问题，但烟草制品是少数可以公开获得，且在许多国家其成分和释放物实际上不受任何管制的消费品之一。近年来，卫生部门希望通过对烟草制品的管制来降低烟草使用造成的发病率和死亡率。然而，由于对普遍方法或最佳方法的了解有限，以及缺乏足够的资源或技术能力，实施适当管制存在困难。

烟草制品管制的重要性在世界卫生组织《烟草控制框架公约》（WHO FCTC）[1] 中有详细介绍。WHO FCTC 第 9 条界定了缔约方在烟草制品成分和释放物方面的义务，第 10 条涉及对烟草制品成分和释放物信息进行披露。

产品信息披露有两种形式：制造商向卫生部门披露信息以及卫生部门向公众披露信息。

2006 年，WHO FCTC 第一次缔约方会议（COP1）设立了一个工作组，为实施第 9 条制定指南和建议 [2]。第二次缔约方会议延长了工作组审议第 10 条准则的任务期限，并鼓励世界卫生组织无烟草行动组 (TFI) 继续开展烟草制品管制方面的工作 [3]。

《关于世界卫生组织〈烟草控制框架公约〉第 9 条和第 10 条的部分实施指南》[4]（以下简称《部分实施指南》在 2010 年第四次缔约方会议上被采纳，附加内容在第五次和第七次缔约方会议上被采纳。工作组被要求在逐步的进程中继续拟定实施指南，并将进一步的实施指南草案提交今后的各次缔约方会议审议。

《部分实施指南》目前包括有关降低烟草制品吸引力的建议，还包括关于烟草制品成分测试的指导原则。降低烟草制品致瘾性和有害性的建议可能在以后的阶段被采用。值得注意的是，与烟草行业的要求相反，这些实施指南是有效的。《部分实施指南》中的管制措施应被视为最低标准，并不妨碍缔约方采取更广泛的措施，这与 WHO FCTC 第 2 条[1]规定是一致的，即鼓励缔约方实施超出 WHO FCTC 及其议定书所要求的措施，这些文书中的任何规定都不应阻碍缔约方实施与其规定相符并符合国际法的更严格要求。

世界卫生组织通过一系列咨询说明及有关薄荷醇和烟碱等具体问题的其他资源对成员国在管制烟草制品和发展实验室能力等方面提供支持。除了这本手册之外，世界卫生组织还在 2018 年出版了一本关于实验室检测能力建设的指南[5]，以指导对建立或评估烟草制品检测能力感兴趣的国家，支持他们行使监管的权力。

致 谢

这本手册由 Geoffrey Wayne 博士（美国俄勒冈州波特兰市）编写，最初的草稿是由世界卫生组织烟草控制局工作人员、加拿大卫生部的 Reinskje Talhout 博士（荷兰国家公共卫生与环境研究所健康保护中心，荷兰比尔特霍芬）和 Katja Bromen 博士及 Matus Ferech 博士（欧洲健康与食品安全总局烟草控制团队，比利时布鲁塞尔）共同编写的。撰稿人个人不一定赞同手册中的所有陈述。

感谢以下审阅稿件并提供评论的人：Nuan Ping Cheah 博士（新加坡卫生科学院药品、化妆品和卷烟检测实验室主任，世界卫生组织烟草实验室网络主席），Armando Peruga 博士（智利 Desarrollo 大学医学院流行病学和卫生政策研究中心），Ghazi Zaatari 博士（黎巴嫩贝鲁特美国大学病理学和实验医学系教授兼主席，世界卫生组织烟草制品管制研究小组主席），以及世界卫生组织《烟草控制框架公约》秘书处。世界卫生组织各地区办事处和预防非传染性疾病部门的工作人员也对这一部分内容进行了审查。

出版本书的部分资金来源于美国食品和药品监督管理局项目 RFA-FD-13-032。

缩 略 语 表

CNS	中枢神经系统
COP	世界卫生组织《烟草控制框架公约》缔约方会议
COTPA	卷烟和其他烟草制品（禁止广告和管制贸易、商业、生产、供应和分销）法案
ENDS	电子烟碱传输系统
ENNDS	电子非烟碱传输系统
EU	欧盟
EU CEG	欧盟通用入口端
GCRC	德国癌症研究中心
GTRF	全球烟草管制论坛
HTP	加热烟草制品
LIC	低收入国家
MRTP	风险改良烟草制品
RIP	低引燃倾向
TBT 协定	技术性贸易壁垒协定
TNCO	焦油、烟碱和一氧化碳
TPD1	前欧盟烟草制品指令 (2001/37/EC)
TPD2	现行欧盟烟草制品指令 (2014/40/EU)
TRP	烟草及相关产品
U.S. FDA	美国食品和药品监督管理局
WHO	世界卫生组织
WHO CC	世界卫生组织合作中心
WHO FCTC	世界卫生组织《烟草控制框架公约》
WHO TobLabNet	世界卫生组织烟草实验室网络
WHO TobReg	世界卫生组织烟草制品管制研究小组
WTO	世界贸易组织

第 1 章　烟草制品管制基础知识

世界卫生组织《烟草控制框架公约》（WHO FCTC）的缔约方和 WHO 其他成员国已要求世界卫生组织提供关于烟草制品管制的权威性指导，特别是根据第 9 条和第 10 条的要求。本手册包含了烟草制品管制的构成部分，并确定了管制的方法、挑战和指导准则。它为一些国家的非科学监管机构提供了一个基本参考，并作为卫生部门和其他利益相关方寻求资源和规划怎么去监测、评估和监管烟草制品的工具。然而，本手册并不是为了取代或总结有关烟草制品管制技术的更多专著。

本章概述什么是烟草制品管制，不同管制方法的例子，以及采用这些方法的理由。随后的章节着重于指导和建议（第 2 章）、需求和资源评估（第 3 章）、制定和实施烟草制品管制所必需的步骤（第 4 章和第 5 章）以及具体问题，包括新型烟草制品的管制（第 6 章），烟草制品成分、释放物和设计特性的测试与披露（第 7 章）。

1.1　什么是烟草制品管制?

烟草制品管制是指对烟草制品相关成分的含量、设计或释放物的任何方面的管制，以及任何相关的向政府或公众的信息披露。

许多烟草管控措施管制烟草制品在哪里销售以及如何销售或使用。其中包括对零售商的许可要求、对销售展示或广告的限制、产品的税收、禁止公共场所吸烟以及采用健康警示标识或其他包装限制。烟草制品管制一词很宽泛，对于许多法规来说它包括烟草制品的形式、标签和包装。然而，就本手册而言，关于烟草制品管制的讨论将限定在对烟草制品的物理设计和化学成分或释放物的控制和干预，以及确定和调整烟草制品设计中对维持或增加产品的使用和危害起作用的方面。本手册中，烟草制品管制的概念还包括对烟草及相关产品（TRP）的管制。这些产品中有一些不含烟草，例如电子烟碱传输系统（ENDS），并且大多数政府不认为它们是烟草制品。

来自世界卫生组织《烟草控制框架公约》第9条和第10条部分实施指南的定义：

成分不仅涉及处理过的烟草的成分，也涉及烟草制品的成分。成分包括烟草、组成部分（如卷烟纸、滤嘴等），还包括用于制造这些成分的材料、添加剂、加工助剂、在烟草中发现的残留物质（在储存和加工期间）以及从包装材料迁移到产品中的物质（污染物不是成分的一部分）。

设计特性是指与烟草制品成分和释放物的测试具有直接因果关系的设计特征。例如，卷烟滤嘴周围的通风孔可通过稀释主流烟气降低吸烟机测试的烟碱含量。

释放物是指当烟草制品使用时释放的物质。对于卷烟和其他燃烧型产品，释放物是指烟气中的物质。对于用于口服的无烟烟草制品，释放物是指在咀嚼或吸吮过程中释放的物质，而对于鼻腔使用的产品，释放物是指在鼻吸过程中由颗粒释放的物质。

产品管制包括对哪些产品在法律上允许合法销售。例如，卫生部门可以限制销售含有特定化学成分（如薄荷醇）的产品，或者管制卷烟产品的物理设计特性，如将直径减小的卷烟作为细支和超细支卷烟投入市场。卫生部门可以对有害物质释放量设定上限，或者要求产品满足特定的标准，例如消防安全标准。产品法规也可为进入市场的新产品建立健康或其他评价标准。建立可测量的合格 / 失效标准的要求可称为性能标准，而那些特定设计或制造标准的要求可称为技术标准。或者，产品监管可以要求市场上的所有烟草制品向卫生部门报告产品基本信息，如烟碱含量。

烟草制品管制的不同方面相互支撑，但也相互分离：有可能要求在不设置性能标准的情况下披露烟草制品的成分、设计特性和释放物，反之亦然。然而，一般来说，要求披露产品信息的目的应该是利用收集到的信息了解烟草制品及其市场，以便于未来监管。基于国家需要和现有资源，卫生部门选择一种或多种描述的方法，同时排除其他方法也是恰当或可取的。这种选择取决于国家的监管环境和可用资源（见第 3 章）。

世界卫生组织《烟草控制框架公约》缔约方会议的决定和报告涉及烟草制品管制的许多方面，例如：

- FCTC/COP7（14）进一步制定 WHO FCTC 第 9 条和第 10 条的部分实施指南；
- FCTC/COP7（9）电子烟碱传输系统和电子非烟碱传输系统；
- FCTC/COP6（12）进一步制定 WHO FCTC 第 9 条和第 10 条的部分实施指南；
- FCTC/COP6（9）电子烟碱传输系统和电子非烟碱传输系统；
- FCTC/COP5（13）关于电子烟碱传输系统，包括电子烟，

FCTC 秘书处的报告；

- FCTC/COP5（9）进一步制定 WHO FCTC 第 9 条和第 10 条部分实施指南，工作组的报告。

1.2 影响烟草制品使用及危害的因素是什么?

烟草制品对公众健康的影响是由三个主要因素共同造成的：①吸引力，鼓励全球大部分人口使用烟草制品的产品特性；②致瘾性，主要由于烟草制品中含有活性药物成分烟碱，令使用者无法减少使用或戒除；③有害性，使用者抽吸卷烟时暴露在烟草制品中含有或由烟草制品产生的有害化合物中[6]。图 1 示意了这三个因素之间的相互作用。

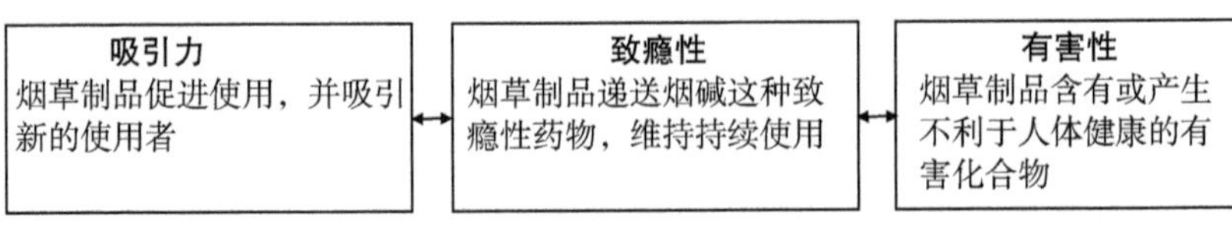

图 1　烟草制品负面健康影响的因素

有许多不同形式的烟草制品。机制卷烟作为世界范围内使用烟草的主要形式，占全球烟草销售的 90% 以上[7]。其他形式的烟草制品包括 bidis、kretes、雪茄、无烟烟草、手卷烟、烟斗烟、水烟、加热烟草制品（HTP）和其他新型烟草制品。不同形式的烟草制品在其吸引力、致瘾性和有害性方面显著不同。这些差异可能导致这些产品对人体健康产生影响的风险更大或更小。

例如，如临床和其他研究所确定的，有害性较小的烟草制品可能导致使用者个体具有较低的疾病发生率和死亡率。不能有效地递送烟碱或难以使用的产品可能由于使用减少而受到影响的人口更有限。尽管如此，所有形式的烟草制品都是有害的，所有形式的烟草制品都促进使用和成瘾，并且都有可能造成健康危害。减少暴露于有害物质可能会也可能不会转化为更好的健康结果。

吸引力

烟草制品的成分和释放物取决于制造商选择的烟叶类型和加工方法。添加剂是在加工中所使用的非烟草物质，它可以支持产品设计的其他方面，如调味或着色。其他成分包括滤嘴、卷烟纸、黏合剂、油墨、胶囊和电池 / 电源。

一般来说，所有烟草制品都是经过设计使其具有吸引力。这在一定程度上是通过以下方式实现的：制造容易使用和令人愉悦的产品（例如添加香料）；降低吸烟的风险（例如通过引入通风孔或使用白色滤嘴来消除或减少健康担忧）；增强与产品使用有关的特征（例如优雅或阳刚）；最小化或掩盖产品的负面特件。

烟草制品设计的每个物理方面都对如何感知和使用产品起着重要作用，包括产品的外观、感觉、气味、味道和其他感官特征及释放物。此外，烟草行业正在不断寻求通过改良现有的产品设计特性或引入新的设计元素来提高烟草制品的吸引力。一个例子是卷烟的直径越来越小（细支、超细支、极细支等），以体现女性气质，并强化烟气量减少和减肥的感觉。另一个创新是将胶囊放置在卷烟滤嘴中，当主动捏碎时可以释放薄荷醇等香味物质。这些创新和其他产品创新在以下方面是有效的：

- 创造或增加“好奇尝试”因素；

- 通过产品新颖性（如大小、形状、颜色、味道）来鼓励尝试；
- 使产品更适合通过感官属性来吸引新用户；
- 针对不同用户和具有独特特征的人群提供具有吸引力的各种产品，例如，根据年龄、性别、种族或文化背景、社会经济地位和健康状况来进行划分。

致瘾性

烟碱是一种天然存在于烟草中的化合物，它是一种中枢神经系统（CNS）兴奋剂，是烟草制品中的主要致瘾性物质[8]。就其本身而言，烟碱具有一定的刺激性。烟草制品由制造商设计，通过减少与烟碱相关的身体或感觉屏障，同时增加烟碱传递和吸收的速度，来增加烟碱暴露。制造商通过多种方式来实现这一目标：

- 减少或掩盖烟碱和烟草的刺激性；
- 增加产品的烟碱含量或递送量；
- 通过产品的化学调控来促进烟碱的生物利用度（即吸收进入血液）；
- 引入自身具有中枢神经系统效应或与烟碱相互作用或增强烟碱效用的非烟碱化合物；
- 提供不同烟碱递送水平的一系列产品，允许初吸者获得较低烟碱的温和产品，令使用者逐步转向较高烟碱的产品；
- 确保烟碱剂量的灵活性（允许使用者调整烟碱达到最佳水平）。

有害性

烟草制品的有害性反映了其潜在的化学性质。天然烟草中含有2500多种化合物，卷烟烟气中含有7000多种化学物质[9,10]。其中，超过150种是有害的，其中70多种被鉴定为致癌物（即致癌或导致癌症发展的化学物质）[11-13]。烟草制品中使用的数百种添加剂可进一步导致有害性或改变烟草制品的化学性质[14]。在卷烟和其他燃烧型产品中，设计特性如尺寸、长度、卷烟纸、滤嘴和通风性等参数都影响烟气化学组成。功率容量是影响加热烟草制品和其他新型烟草及相关产品释放物的一个重要因素。

制造商们已经通过改变烟草制品的成分、设计或释放物来降低商业烟草制品释放的有害物质含量。但在大多数情况下，这些努力未能证明可以减少对人的危害。例如，所谓的低焦油卷烟，在吸烟机测试时反映为烟气中具有较低含量的焦油、烟碱和一氧化碳（TNCO）而被认为有害性降低，从而被开发并投入市场。烟气输送的减少在一定程度上是通过在滤嘴中增加通风孔实现的，这使得吸烟者从卷烟中吸入更大量的烟气，从而抵消了吸烟机测试时反映出的有害物质的减少。此外，这些产品设计的改变令吸烟者认为产品有害性降低，使得产品更吸引那些关注健康风险的人。

现如今，新的加热烟草制品作为低风险的产品在市场上销售，行业资助的研究声称相对于标准参比卷烟，在实验室（不在人体内）的标准测试条件下，这些产品的有害成分和潜在有害成分显著减少。这些产品由于不存在燃烧而被认为更“清洁”或“无烟”，从而作为传统卷烟的“舒适和安全”的替代品推广，但仍会产生与传统卷烟相关的数百种有害成分释放物。不管制造商如何宣传，相当多的科学证据支持减少个人暴露于有害物质的风险是必需的。这些所谓的低风险产品增加了对人的吸引力，这也会抵消有害物质或释放物减少的测量结果。

1.3 烟草制品管制如何促进公众健康？

上述产品使用和危害模型表明烟草制品管制可以采用多种途径来解决烟草制品使用的健康影响问题。

政策可以瞄准以下几方面（图 2）：

- 吸引力：禁止使用对青少年有吸引力的糖果或其他香料，消除提高适口性（如通风）或给人低风险认知（例如禁止使用肉桂、生姜和薄荷等香料）的设计特点；
- 致瘾性：限制烟草的烟碱含量，调节产品的化学性质，如烟草的 pH 值或与烟碱吸收有关的因素，调节增强烟碱效果或促进烟碱依赖的非烟碱化合物的使用，消除最有害烟草制品（如燃烧型产品）中的烟碱；
- 有害性：减少或消除已知的烟草有害物质（如在烟草发酵过程中产生的烟草特有亚硝胺），限制有害添加剂的使用，减少释放量，禁止引入造成未知健康风险的新产品。

上述政策中的任何一个都不应被理解为支持制造商宣称风险降低的手段。

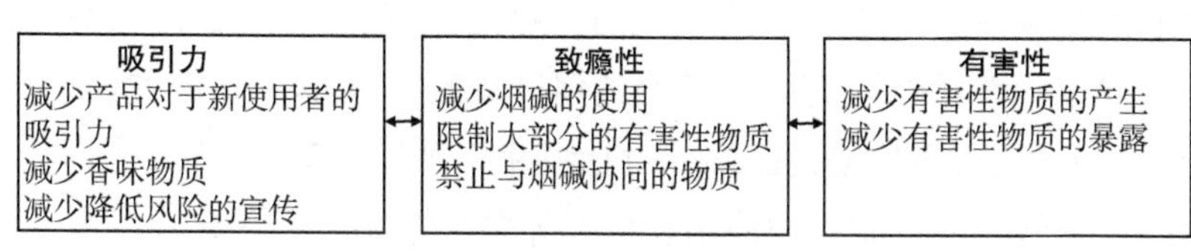

图 2　通过产品管制来解决烟草制品的健康问题

有效调节烟草制品的成分、设计和释放物可以显著降低烟草的需求和使用，并因此减轻疾病负担。如果产品变得不那么吸引人或难以使用，则很少有人开始或持续使用烟草制品。如果烟草制品不那么容易上瘾，或者上瘾程度降至最低（如下文所述美国提出的方案），那么使用数量和频率有望降低。如果对烟草制品有害物质的整体暴露量显著降低，那么即使大多数人持续使用这些产品，也可减少对人群的危害。

烟草制品管制可以与其他烟草控制政策相结合。例如，设置和提高税收、无烟环境、烟草制品包装上的文字和图示健康警示标志，以及禁止烟草制品相关的广告、促销和赞助，都能起到减少烟草使用的作用。

烟草制品管制还可用于应对烟草行业战略，这些战略有意或无意地增加了产品的吸引力、致瘾性和有害性。相关信息披露可帮助卫生部门更好地了解市场上的烟草制品，这将有助于采取适当行动来有效地管制这些产品（例如使用制造商提交的信息来制定未来的管制措施）。在这样做时，卫生部门应当小心避免公开披露或其他监管干预措施造成产品更安全的意外印象。例如，禁止添加剂使用可能会造成产品风险降低的印象。

产品设计的各个方面在影响烟草制品的吸引力、致瘾性和有害性时有很强的相互作用。例如，糖增加了烟草制品的温和性，使烟草制品更易用和更有吸引力。同时，糖的燃烧有助于燃烧产物中乙醛的形成，在动物研究中已证明这促进成瘾[15]。糖的热解和燃烧也会产生丙烯醛,丙烯醛是已知的对呼吸和心血管有害的物质[16]。因此，糖的管制将对烟草制品的使用和危害等多个方面产生影响。

1.4 现有和新兴的烟草及相关产品管制方法有哪些?

尽管在烟草控制的其他领域取得了相当大的进展，但目前管制烟草制品中含有什么或如何制造这些产品的国家相对较少。许多卫生部门对开始或扩展烟草制品监管工作仍然犹豫不决。这是由于人们认为产品管制在本质上是高度技术性的，它只适合烟草管制政策比较先进的国家，这需要投入大量的资源和能力，对于低收入国家难以获得持续的支持，而且烟草制造商将利用他们的产品和烟草科学知识来规避法规。限制实施产品管制的另一个因素是对烟草制品管制如何支持其他烟草控制效力的理解不足，即如何改变烟草制品的模式，识别新的和未预期的健康威胁，以及减少需求。

本节简要介绍烟草制品管制的方法和每种方法的科学基础。全球颁布的烟草制品管制具体方法的更详细案例研究将在后续章节中介绍。

卫生部门的测试和信息披露

对烟草制品成分、释放物和设计特性的测试和披露使卫生部门能够评估遵守情况、监测产品变化，以及评估管控的预期和非预期后果。正因为如此，测试和信息披露为其他产品的管制提供了普遍基础，包括性能和技术标准。由于烟草制品测试和信息披露的负担主要由制造商承担，而不是由卫生部门承担，因此测试和信息披露是烟草制品管制的第一步，即使在低收入国家（LIC）或低资源国家也是如此（见第 3 章）。此外还必须考虑确保合规性以及维护和分析所收集数据的策略。产品测试和信息披露的作用和实施方法将在第 7 章进行更详细的讨论。

有害物质或释放物的产品标准

许多国家已经制定了吸烟机测量的卷烟烟气（主要是 TNCO）释放限量的法规。例如，《欧盟烟草制品指令》(TPD2)[17] 规定了欧盟对烟草制品的管制（见第 5 章），该指令与先前的法规（TPD1）[18] 是一致的，其中规定了卷烟的最大 TNCO 水平以便限制在市场上允许销售的产品范围。然而，科学共识是管控吸烟机测量的烟气释放量的政策并没有降低由吸烟引起的疾病风险 [19,20]。此外，以标签的形式显示 TNCO 产生量可能弊大于利，因为这可能会使吸烟者认为转而抽吸低释放产品是一种戒烟方法。

世界卫生组织烟草制品管制研究小组（WHO TobReg）建议使用性能标准，通过确定平均释放量或其他可得到的测量结果以及禁止较高释放量的品牌进入市场，来强制减少有害物质释放量 [20]。使用这种方法来建立卷烟烟气释放物中选定的、可改变的有害物质的限量标准可能是逐步降低总体有害物质释放量的第一步。然而，目前没有任何一个国家采用这种方法。

香料 / 加香产品管制

加香产品在世界各地大多数烟草制品中都有发现。香料包括可识别的食物，如香草或可可，具有味道或气味的化合物以及甜味剂，如糖。加香产品更多地被年轻人使用，其具有鼓励新手尝试和方便消费者使用的特点。产品香味可以掩盖烟草和烟碱的刺激性，并且可以提供与药物效应相关的令人愉悦的感觉从而增加烟碱的强化作用或致瘾作用。一些国家已经通过了限制或禁止烟草制品中使用非烟草味的香味物质的法规（见第 4 章）。

烟碱管制

2017 年 7 月，美国食品和药品监督管理局（U.S. FDA）宣布烟碱降低作为解决烟草使用对健康造成负面影响的多年综合路线图的一部分[21]，并在 2018 年 3 月公布了一项规定卷烟中烟碱限量的草案[22]。烟碱降低可以通过消除使用最有害烟草制品（燃烧型产品）的主要诱因（烟碱）来实现公众健康的目标，同时保持那些仍然上瘾的人可获得以危害较小形式存在的烟碱。在实现这一方法之前仍然存在许多重大障碍，例如更好地理解电子烟碱传输系统和新型烟草及相关产品的健康影响，以及考虑如何在降低烟碱的情况下规范健康声明和风险宣传。此外，该方法的可行性和实际实施仍然存在许多问题[21]。然而，有明确的证据表明将卷烟的烟碱含量降低到非常低的水平可以显著降低吸烟者对卷烟的依赖[23,24]。这与 WHO TobReg 的建议是一致的[25]。降低烟碱的方法可能适用于其他烟草制品，但这需要在综合烟草管制方案的范围内进一步研究。

其他产品特性的管制

香味胶囊已被证明支持年轻人或初吸者尝试和使用烟草制品。限制或禁止香味胶囊在烟草制品中使用的法规已经被德国和比利时等国家成功采纳。禁止在烟草制品组件（如滤嘴、卷烟纸、包装、胶囊）中添加香精香料，或使用任何能改变产品气味、味道或烟气强度的技术，现已在整个欧盟实施（见第 5 章）。其他应纳入管制的产品特征包括卷烟或烟草及相关产品的尺寸（细支、超细支）、滤嘴和卷烟纸的颜色或外观，以及卷烟通风率。

卷烟的低引燃倾向标准

卷烟点燃后放置无人看管的话可引燃室内装潢、家具、床上用品、纺织品或其他材料。这种情况最常见于在床上吸烟或在酒精、药物或非法药物的影响下吸烟。每年，世界上有相当数量的人因卷烟引起的火灾而受伤或死亡（例如烧伤或烟气中毒）。为了减少起火的危险并防止大量由此造成的伤害和死亡事故，卷烟可以设计成当不抽吸时或无人看管时自动熄灭。这些卷烟被称为低引燃倾向（RIP）卷烟。

COP6 [14] 以及 WHO FCTC 第 9 条和第 10 条的《部分实施指南》3.3.2.1(iii) 都建议缔约方考虑各自的国情和优先事项，要求卷烟符合 RIP 标准；鉴于测试时一定比例的卷烟不燃烧全部长度，缔约方还应制定符合当前国际惯例的性能标准。缔约方应禁止行业宣称的 RIP 卷烟不会引起火灾的主张。这些建议是在对高收入、中等收入和低收入国家与 RIP 卷烟有关的法规进行广泛调查的基础上提出的。

公众教育

向公众披露产品信息可能是烟草管制政策的一个重要方面。披露可以采取不同的形式，包括包装上的健康警示和图片警示，以及关于产品内容物或释放物的数据公布。鉴于特定产品的信息有可能误导烟草使用者了解相关风险，因此必须注意向公众传播关于烟草制品成分和释放物的有用信息。事实上，一些法律团体已经建立了旨在消除卷烟包装上的误导性标签的规定，例如 TNCO 的数字等级（参见上文的“有害物质或释放物的产品标准”）。包装的监管可以与产品监管相结合，以进一步减少对危害的误解。例如，标准化的素包装有助于减少对烟草制品风险的误解以及降低这些产品对年轻人的吸引力。虽然这不是本手册的重点，但世界卫生组织《烟草控制框架公约》第 11 条和第 13 条的准则界定了包装和标签要求，包括标准化包装。

新型烟草及相关产品（TRP）的管制

基于证据的政策干预已经实施以控制传统烟草制品的市场和销售，烟草行业已经扩展到其他市场，同时引入了加热烟草制品（HTP）等产品，这些产品被作为更好或更安全的替代品来推广。

世界卫生组织《烟草控制框架公约》（WHO FCTC）将烟草制品定义为全部或部分由烟叶制成的用于消费的所有产品。因为 WHO FCTC 适用于所有烟草制品，因此也适用于包括 HTP 在内的新产品[1]。在国内法中“烟草制品”一词的定义在一个司法管辖区到另一个司法管辖区是不同的。在一些国家，烟草制品的定义延伸到所有烟草衍生材料，包括烟碱或者以与烟草制品相似的方式消费和具有类似表现形式和使用方式的产品。这将在第 6 章中进行更详细的讨论。

对于电子烟碱传输系统（ENDS），尚不能得出其能够辅助戒烟的结论。ENDS 会吸引年轻人使用烟草，或促使其他常规烟草制品和 TRP 的双重使用。未来的独立研究应该解决这些影响，以及 TRP 的安全性和相对风险。包括 FCTC/COP7[9] 在内的相关 COP 决议请各缔约方考虑采用符合自己国家法律和公共卫生目标的管制措施来禁止和限制 ENDS 和 ENNDS 的制造、进口、分销。这些建议特别适用于 ENDS，而不适用于 HTP。一些法律团体将 ENDS 定义为烟草制品，而不将 ENDS 作为烟草制品的国家则应遵循世界卫生组织 COP7[9] 的建议。在获得这些证据之前，卫生部门应在有效管理这些产品中发挥重要作用，以防止未成年人和非吸烟者接触。这也将在第 6 章进一步深入讨论。

烟草制品禁令

包括欧盟在内的一些法律团体已经采用法律措施来限制无烟烟草制品的销售。有些国家已经禁止香料卷烟。不丹是唯一禁止销售所有形式的烟草制品的国家，尽管这一禁令并没有完全阻止烟草制品的获取。许多国家已经禁止引入有待证实可以降低风险的 ENDS。评估产品禁令对人体健康和其他影响的数据（例如政府收入）仍然有限。

上市前审查和授权

许多国家对新药的引入和如何销售进行了规范。美国可能是唯一在新的烟草制品上市之前制造商必须申请并获得美国 FDA 许可的国家。2009 年《家庭吸烟预防和烟草控制法案》提供了三种销售烟草制品的途径，其中烟草制品上市前审查申请 (PMTA) 是所有新烟草制品的主要途径。在此途径下，烟草制造商必须证明新的烟草制品有益于全部美国人，包括使用者和非使用者。这个有力的工具允许 FDA 基于是否适合于保护公众健康来授权或拒绝销售新的烟草制品。各国可以考虑将上市前授权作为限制或控制健康风险仍然未知的新型产品引入的一种方式。

第 2 章　烟草制品管制国际指南

世界卫生组织《烟草控制框架公约》（WHO　FCTC）第 9 条和第 10 条《部分实施指南》[4] 提出了关于烟草制品吸引力和披露烟草制品成分信息的政策建议。有关烟草制品致瘾性和有害性的指导可能在以后的阶段提供。强烈建议 FCTC 所有缔约方的管制活动符合《部分实施指南》的建议，并建议尚未成为 FCTC 缔约方的国家成为缔约方或将《部分实施指南》作为国际标准来遵循。世界卫生组织可向各国提供技术援助，以帮助其在国家层面实施《部分实施指南》。

可提供技术援助的包括：世界卫生组织专家咨询和监管小组，如世界卫生组织烟草实验室网络 (WHO TobLabNet)，该网络开发烟草制品的测试方法；WHO TobReg，提出基于证据开展烟草制品管制的政策建议；全球烟草管制论坛（GTRF），为监管者提供分享经验和促进信息交流的平台。特别是，WHO TobReg 的出版物（包括技术报告系列和咨询说明）对于解决特定的主题非常有用。

关于最佳做法和干预措施有效性的信息构成国家考虑烟草制品管制的额外资源。对监管经验的回顾，进一步发展为本手册的案例研究，以协助卫生部门鉴别良好的做法、实施的潜在挑战和 / 或意想不到的结果。

2.1 世界卫生组织对烟草制品管制的指导原则是什么?

世界卫生组织《烟草控制框架公约》第 9 条涉及烟草制品成分和释放物的管制，第 10 条涉及烟草制品成分和释放物信息披露的管制。《部分实施指南》于 2010 年的 COP4 通过，以协助缔约方履行其条约义务 [4]。

> **第 9 条 对烟草制品成分的管制**
>
> 缔约方会议应与国际主管机构协商，提出测试以及管制烟草制品成分和释放物的指导方针。经国家主管部门批准，各缔约方应通过和实施有效的立法、行政或其他措施进行此类测试，并实施此类管制。
>
> **第 10 条 对烟草制品信息披露的管制**
>
> 各缔约方均应根据本国法律通过和实施有效的立法、行政或其他措施，要求烟草制品制造商和进口商向卫生部门披露关于烟草制品成分和释放物的信息。各缔约方还应进一步采取有效措施向公众披露烟草制品的有害成分及其可能产生的释放物信息。

第七次缔约方会议上对《部分实施指南》增加了关于产品特性的披露和管制新信息，以及披露烟草制品成分的新信息，成分测定可参考世界卫生组织主持下制定的分析实验室方法 [26,27]。

重要的是要注意，与烟草行业的要求相反，这些指南是有效的。《部分实施指南》所倡导的监管措施应被视为最低标准，并不妨碍缔约方采取更广泛的措施。第 2 条第（1）款对这一点进行了强调。

《部分实施指南》建议对以下的烟草制品成分进行管制。缔约方应该：

- 禁止或限制可用于提高烟草制品适口性的成分；
- 禁止或限制具有着色特性的成分；
- 禁止烟草制品含有使人产生对健康有益印象的成分；
- 禁止添加与能量和活力相关的成分（例如兴奋剂）。

为了调节卷烟的引燃倾向，《部分实施指南》鼓励缔约方：

- 设定一个关于根据 RIP 方法测试时多少比例的卷烟不燃烧其全部长度的性能标准，该标准至少与当前国际实践相对应；
- 要求烟草制造商测试引燃强度，向主管部门报告结果，并支付实施措施的费用；
- 要求所有卷烟符合 RIP 标准，并建立必要的执行机制；
- 避免任何关于卷烟不会引起火灾的说法。

《部分实施指南》还具体规定了向卫生部门和公众披露烟草制品信息的建议。卫生部门需要准确的市场信息来确定监管需求和优先事项。COP 建议：

- 披露烟草制造商和进口商的公司信息；
- 以有意义的方式向每个人通报烟草消费和烟气暴露的健康后果、致瘾性和致命威胁。

《部分实施指南》强调了监测、遵守和执行综合体系的重要性，以确保有效的烟草制品管制。应通过指定烟草税、烟草制品注册费和年度烟草监督费等措施，让烟草行业和零售商支付这种制度的成本（见第 7 章）。

关于产品特性的管制，COP7 向缔约方提出一项新建议，即对所有提高烟草制品吸引力的烟草制品设计特性进行管制，以降低这些产品的吸引力[27]。

关于产品成分的披露，COP7 也提出了其他建议[27]：

- 要求烟草制品的制造商和进口商针对品牌家族中每个品牌的产品，以规定的时间间隔向卫生部门按产品类型披露其成分信息；
- 当政府认为需要测试成分含量时，考虑指定采用 FCTC 缔约方商定的标准或 WHO TobLabNet 提出的建议方法，由代表烟草制品制造商和进口商的实验室进行测试；
- 考虑指定 WHO TobLabNet 官方方法 SOP 04 用于卷烟烟丝中烟碱含量的测定[28] 由代表烟草制品制造商和进口商的国家实验室开展烟碱的测试；
- 要求每个制造商和进口商向卫生部门提供实验报告的副本，该报告显示所测试的产品以及对该产品进行的测试结果；
- 进行测试的实验室要获得 WHO TobLabNet 的认证或成员资格证明，或由进行测试的实验室的相关缔约方主管部门批准。

2.2 国际贸易法是否限制烟草制品管制?

世界贸易组织（WTO）的规则限制了 WTO 成员限制或管制货物和服务贸易的方式，包括通过使用关税和非关税贸易壁垒，例如管制措施。WTO 规则还要求 WTO 成员遵从知识产权保护的最低标准。

WTO 规则源于 20 多个协定。这些协定包括《关税及贸易总协定》（GATT）、《技术性贸易壁垒协定》（TBT 协定）、《服务贸易总协定》和《与贸易有关的知识产权协定》。WTO 规则是通过成员之间的争端解决机制来实施的。只有 WTO 成员（政府）可对另一成员违反 WTO 协定提起申诉。

美国丁香卷烟[29, 30]的案例中，烟草制品监管一直是 WTO 法律争议的主题。在这场争端中，印度尼西亚就美国禁止销售具有除薄荷醇和烟草之外其他特征香味的卷烟的法律提出索赔。印度尼西亚辩称该禁令违反了 TBT 协定，因为该禁令歧视来自印度尼西亚的丁香卷烟，并且其受到的贸易限制远多于保护人体健康所需。

有几个 WTO 涵盖的协定适用于烟草制品管制，如美国丁香卷烟案例显示，TBT 协定是最相关的。因此，本节参考美国丁香卷烟案例，对 TBT 协定进行概述。如果某项措施被认为违反 WTO 法律，则责令违法成员在合理的时间内使其法律符合 WTO 法律。

TBT 协定

TBT 协定适用于技术法规和标准。技术法规是设定产品特性的强制性要求。技术法规可要求产品采取特定形式或禁止产品采取特定形式。在烟草控制方面，技术管制包括包装和标签措施以及烟草制品管制。除此之外，TBT 协定还规定了必要性、非歧视性和透明性的义务。

必要性

TBT 协定第 2.2 条规定各成员有义务确保技术法规不超出实现合法目标所必需的贸易限制，比如保护人体健康。该义务由第 2.4 条补充，规定各成员有义务使用相关国际标准作为技术管制的基础，除非这些国际标准或相关部分对于实现所追求的合法目标无效或不适当。第 2.5 条规定按照国际标准采取的卫生措施不会对根据第 2.2 条进行的国际贸易造成不必要的障碍。

在确定一项措施的贸易限制性是否超出必要范围时，WTO 专家组将根据未实现目标的后果对实现其目标的贡献与措施的贸易限制性进行权衡。所通过的规定必须是采用最少的贸易限制手段实现政府目标，且这些措施是合理可行的。该规定的使用不能导致任意不正当歧视，也不能作为对贸易的变相限制。

美国丁香卷烟案例中，WHO 专家组审议了美国对丁香卷烟的限制是否比第 2.2 条保护人体健康所必需的贸易限制更多。尽管该规定高度限制贸易（完全禁止此类产品），但专家组驳回了印度尼西亚的申辩，印度尼西亚也没有对专家组的决定提出上诉。在作出决定时，专家组参考了 COP 通过的《部分实施指南》，但未考虑这些指南是否构成用于 TBT 第 2.5 条的国际标准。

非歧视性

TBT 第 2.1 条既禁止针对措施（法律上）的歧视，也禁止实际（事实上）的歧视。在美国丁香卷烟案例中，印度尼西亚辩称美国规定歧视印度尼西亚产品（实际上是），因为它禁止丁香卷烟（主要是从印度尼西亚进口）但不禁止薄荷醇卷烟（主要是在美国生产）。美国辩称禁止丁香卷烟但不禁止薄荷醇卷烟是因为丁香卷烟对年轻人特别有吸引力。

专家组驳回了美国的申辩，并发现该规定歧视印度尼西亚生产的卷烟而支持美国生产的卷烟。上诉机构支持这一决定。在这样做时，上诉机构发现丁香卷烟和薄荷醇卷烟在美国市场上具有足够的竞争力，被视为同类产品[30]。上诉机构还发现禁止丁香而不禁止薄荷醇导致对进口产品的不利待遇，因为该规定对进口产品的影响最大，并不是完全基于两种产品类别之间的合法监管区别。上诉机构强调丁香和薄荷醇都掩盖了烟草的刺激性，而丁香和薄荷醇卷烟对年轻人都有吸引力[30]。

透明性：通知和公告义务

TBT 协定还规定了各成员有通知和发布公告的义务。TBT 第 2.9 条规定，如果规定不符合有关国际标准，或者不存在有关国际标准，则 WTO 成员有义务将即将实施的技术法规通知其他成员。如果技术法规可能对其他成员的贸易产生重大影响，则适用这些义务。第 2.9 条第 1 ~ 4 段还要求成员发布通知，通知其他 WTO 成员，应请求提供拟议规章的细节，留出合理的时间提出意见，并考虑这些意见。一般而言，6 个月被认为是第 2.9 条的合理期限。

TBT 协定还设立了技术性贸易壁垒委员会，该委员会提供了一个论坛，WTO 成员可以在实施措施之前讨论这些措施以避免正式的争端解决。一些烟草管制措施在 TBT 委员会内引起了辩论，包括加拿大和巴西降低烟草制品适口性和吸引力的措施，以及澳大利亚要求烟草制品素包装的规定。

结论

美国丁香卷烟案例提供了一个很好的案例研究，其中 WTO 法律的核心原则被应用于烟草制品管制。专家组支持了产品禁令的必要性，但发现豁免薄荷醇卷烟的效应是歧视性的。自从美国丁香卷烟事件以来，其他 WTO 成员也引入了类似的禁令，且在 WTO 中没有争议。例如，2014 年欧盟 TPD2[17] 要求欧盟成员国禁止具有特征香味的卷烟，包括薄荷醇。在这种情况下，涵盖所有风味的理由之一是避免歧视风险。欧盟法院案例将在 5.2 节中进一步讨论。2012 年巴西禁止绝大部分烟草添加剂的指令（在案例 6 中描述）同样受到烟草行业向巴西最高法院提出的异议，其依据是违宪性，而不是通过 WTO。

2.3 在烟草制品管制方面有哪些不同国家的经验?

随着新型烟草及相关产品和市场发展，以及关于烟草制品使用和危害的科学发展，烟草制品管制正在并将继续发展。

随着新规定的审议，不同国家和卫生部门的经验可以深层认识拟议规定的潜在障碍或意外后果，以及确定已被证明更有效的方法。在上面的 WTO 案例中，在香料禁令中排除薄荷醇卷烟而针对丁香卷烟，对法律提出了挑战，这本来是可以避免的。

本手册的后续章节将提供一系列的案例。这些案例为识别先前的监管努力在反映政策目标和 / 或政治社会背景中的重要差异时是成功还是隐患提供了机会。

- 第 3 章介绍印度这个存在烟草制品立法但缺乏执行监管能力或资源的国家（案例 1），以及布基纳法索这个在低收入环境下成功实施烟草制品立法的国家（案例 2）。
- 第 4 章将智利和加拿大的经验作为需要修改初始产品规定以支持预期政策目标的实例。在智利，修订是紧跟着烟草行业的法律挑战，并包括建立更相关的科学基础以支持新的法规（案例 3）；而就加拿大的情况而言，通过市场反馈的成功识别，市场对初始规定的反应出乎意料，因此需要进行必要的修订（案例 4）。
- 第 5 章使用欧盟 TPD2 来扩展说明实施规定所必需的过程。第 5 章还强调协调欧盟多个司法管辖区的挑战（案例 5），克服巴西香料禁令实施的法律挑战的过程（案例 6），以及在 TPD1 下包装上印刷释放物含量的意外后果（案例 7）。
- 第 6 章着重介绍新型 TRP 的两个实例：一是限制在美国引入新型和改良产品（案例 8），二是在德国禁止薄荷味胶囊（在 TPD1 下实施）（案例 9）。

烟草制品管制必须以证据为基础，适合有关国家的需要，并定期监测和审查有效性，同时考虑实现监管目标的新证据和新知识。卫生部门在管制烟草制品方面面临的挑战包括：烟草行业在法律、技术和政治上的反对，烟草制品（包括新型 TRP）的多样性和技术复杂性，以及缺乏区域性的科学基础和 / 或发达的监测、测试和执行产品监管措施的能力。

鉴于烟草行业有发现和利用法律漏洞和其他挑战的能力，计划管制烟草制品的国家不应该最小化或忽视必要的准备工作。重要的是国家和机构要协调评估和监管行动，以防止行业利用监管差异变为其优势。烟草行业欺骗卫生部门和歪曲科学数据以支持其利益的历史表明，不能也不应依赖烟草行业及其附属组织来规范自身。任何监管体系都应独立于行业之外，卫生部门应寻求其他公共卫生专家的建议和支持以解决数据的可靠性或解释问题。

第 3 章　监管需求和监管能力评估

如果适当地实施烟草制品管制，可大大减少由烟草使用造成的全球死亡率和发病率。然而，存在许多潜在的障碍：产品监管的复杂性和技术属性，烟草制品在不同市场上的多样性，有关具体政策的有效性及潜在健康和经济效益的数据不足，烟草行业的干预，以及不充分的工具 / 技术和有限的资源。因此，卫生部门往往回避利用这一强有力的工具来补充其他烟草管制干预措施。明确了解管制烟草制品的目标、所涉及的过程、期望的结果和总体收益，对于在国家层面制定有效的管制机制至关重要。

本章介绍卫生部门在确定哪些监管政策是可用的，以及它们如何与政策目标和优先次序的设置相关联时应该采取的第一步。首先，需要对监管需求和资源进行评估。下一步包括探索管制烟草制品的可能方法，预期可能的结果，与利益相关方协商，以及决定一种优选的监管方法。以下问题可作为卫生部门分析其状况、找出监管差距以及制定监管对策的起点：

- 现状如何？评估资源和能力；
- 需要什么？确定监管的优先次序；
- 可能方案？收集和评估证据；
- 该怎么办？做出管制的决定。

3.1　现状如何？评估资源和能力

卫生部门首先应评估哪些监管机制已经可用，从与利益相关方（包括在卫生部门和有关部门内部的利益相关者，以及在其他非卫生部门机构的外部利益相关者）接触开始。在这个阶段，广泛的参与是至关重要的，以确定是否存在现有法律（一般安全产品指令、药品代理等）已经涵盖了要考虑的产品。

可以帮助卫生部门建立基础档案的问题包括：

- 国家烟草制品管制机构是什么？
- 有没有烟草控制法？主要包括什么？
- 哪些产品在法律上被定义为烟草制品？是否有其他法律适用于烟草制品？
- 是否有其他涉及烟草制品管制的政府部门（贸易标准、药品代理、消费品、海关等）？
- 现行法律规定烟草制品的成分和释放物吗？
- 国家是否有烟草制品管制的资金？
- 国家是否在法律允许的条件下制定了烟草制品管制指南？
- 是否存在烟草制品管制的监测机制？谁参与进来，国家如何参与其中？
- 哪些烟草制品是在本国生产的，哪些是进口的？烟草行业是否对正在出口的烟草制品采用进口国的监管标准或其他标准？
- 如果国家不生产烟草制品而只进口产品，法律是否规定对进口烟草制品进行管制？它涵盖跨境销售吗？

- 是否有一个范围修改现有法律，以将新型烟草制品纳入优先监管？
- 无论是在政府内部还是外部（私营 / 工业），国家是否有检测烟草制品成分和释放物的设备？
- 烟草制品管制是烟草常规监管的一部分吗？

卫生部门应审查其现有的烟草管制法律和政策，并与世界卫生组织《烟草控制框架公约》第 9 条和第 10 条《部分实施指南》（见第 2 章）中提出的建议进行比较以确定在哪些方面需要努力加强或扩大烟草制品管制。《部分实施指南》是公开的[4]，鼓励各国根据具体需求在其管辖范围内采用推荐的措施管制烟草制品。尽管《部分实施指南》为烟草制品的监管提供了一个有用的框架，但鼓励各国尽可能采取超出这些建议的措施[31]。

3.2　需要什么？确定监管的优先次序

各国必须考虑本国市场上产品使用的现有证据基础，以及可用产品的范围和多样性。有助于一个国家建立烟草监管优先权的关键信息包括：

- 烟草制品使用的既定传统，如最少管控的水烟或无烟产品；
- 新近推出的产品；
- 烟草在特定人群中的使用率信息；
- 被烟草行业直接瞄准特定群体的特定产品；
- 与其他国家的同类产品相比，有害成分含量较高的特定产品；

- 全球产品信息和烟草制品管制的优先次序。

国家数据（如可获得的发病率和死亡率）以及监管需求和能力应当指导监管优先事项的选择。允许将重点放在与国家相关且非资源密集型的产品监管干预措施上，特别是在低资源环境中。以下问题将有助于确定优先次序：

- 监管目标是什么？引入法规或其他干预措施的主要潜在收益是什么？
- 如何衡量成功？在内部进行评估是否存在潜在的技能差距？需要外部专业知识吗？
- 需要什么资源——人、基础设施（例如实验室、信息技术）和货币？是否需要对烟草监管活动进行预算，或是否有定期分配给烟草制品管制的资金？
- 需要根据可用的资源或数据 / 证据重新排序吗？是否应该考虑较少的资源密集型选择，例如从信息披露的监管开始（见下文）？
- 建立监管体系所需的资源是什么？
- 需要什么工具或基础设施（例如相关数据库、翻译、电子报告平台、审计、标准化测试方法的访问等）？
- 收集证据、评估证据、考虑选项、准备立法、获得必要的批准、与内部和外部利益相关方接触、分析调查结果、介绍立法以及向公众传播的必要时间表是什么？
- 如何维持烟草制品的监管活动？将使用什么机制？

在有关产品和产品使用的数据不容易获得的情况下，规定可以作为获得必要数据的机制。例如，一个国家可以从执行 WHO FCTC 第 10 条开始，责令烟草行业标定烟草制品并向卫生部门报告产品成分和释放物[27]。这将帮助各国收集市场上产品的信息，从而制定未来的监管政策。

卫生部门应当意识到必须采取措施来保证行业提交数据的真实性和准确性。一种方法是让烟草行业证明提交的信息是真实的，因此，一旦发现数据不可靠、不完整或不准确，卫生部门可以处罚烟草行业。处罚措施可能包括罚款，也可能严重到监禁，这取决于国家和卫生部门的监管权力。具有核实烟草行业报告数据能力的卫生部门应当定期检查这些数据的完整性和准确性。在国家自身能力有限的情况下支持测试的选项在第 7 章中进一步讨论。

由于烟草市场和人口的变化以及先前管制的结果，一个国家的需求和优先事项可能随着时间而变化。即使在确定了监管重点之后，也必须定期进行进一步的实践，以确定是否需要重新确定优先次序，以及明确目标，确定实现既定目标所需的工具和资源，列举预期结果并确定关键利益相关者（内部利益相关者和外部利益相关者）。

案例 1　印度——支持现有立法却能力有限的挑战

在印度，《卷烟和其他烟草制品（禁止广告和管制贸易与商业、生产、供应和分销）法案》（COTPA 2003）涵盖了有关烟草制品管制的规定[32]。该法规定对烟草制品的成分和释放物（焦油和烟碱）进行测试，并在烟草制品包装上加以说明。然而，尽管有一项全面的法律，但大多数有关成分和释放物测试的规定尚未得到充分执行。这主要是由于缺乏能力、专业和技术知识，无法建立一个功能齐全的烟草测试实验室，以便能够测试各种形式烟草制品的成分和释放物。政府受到来自各个部门的压力，包括为执行测试规定而提起的法律诉讼，政府已经在法庭和议会承诺设立烟草测试实验室的时间表。尽管政府确定了各个部门现有的实验室用于烟草测试的能力，但是这些实验室不愿测试烟草制品。

尽管如此，印度已经采取了积极的措施来克服所面临的挑战，并建立了一个案例，在决策者的支持和烟草控制团队的压力下，利用现有的当地和全球资源，与适当的专家进行接触，以支持烟草控制政策的实施。在 WHO 广泛和持续的技术支持以及卫生和家庭福利部的资金支持下，三个实验室已进入高级阶段，可完全发挥作用以解决 COTPA 2003 下的管制规定。印度持续克服最初的挑战，为其他国家在低资源环境下克服烟草制品管制挑战提供了蓝图。印度采取的措施如下：

- 在烟草控制法中纳入监管规定，使其符合 WHO FCTC 的规定；
- 从卫生部定期预算中拨款建立和维护实验室；
- 协调有关利益相关者；
- 从最佳实践中学习，以适应自身国情；
- 让决策者支持能力建立；
- 与本地和全球（包括其他各缔约方和世界卫生组织）的专家合作；
- 识别可优化纳入烟草制品测试的现有设施；
- 与技术合作伙伴合作开展技术实验室人员培训；
- 实验室的战略定位，以最大限度地服务全国和地区多样化的烟草制品；
- 参与相关网络（例如成为 WHO TobLabNet 的成员）。

3.3　可能方案？收集和评估证据

收集信息是制定规定的一个重要步骤，这是因为稳健的证据基础是健全的政策和确保监管成功所必需的。应当注意获得最佳证据[33]，这些证据可包括科学证据、专家意见、经验证据、私人通信和/或国家经验。必须清楚地评估证据的强度和相关性。有几种技术可用于分级/确定证据的强度，很大程度上是根据证据的来源/类型分配的[34]。例如，在考虑科学证据时，荟萃分析和系统评价被视为非常有力和优质的证据，而专家和轶事证据所占权重较小。

收集证据不是一个孤立过程。应考虑到有关各方及相关信息和/或在拟议条例中的利益。在鉴定相关方和证据时要考虑如下问题：

- 谁是主要的内部利益相关者（政府部门和专家，如经济学家、法律专家、统计学家、税务专家、沟通专家、决策者等）？
- 谁是关键的外部利益相关者或机构（烟草行业、公众成员、民间社会组织、媒体等）？
- 其他什么信息可用于建立证据［全球数据报告、世界卫生组织、WHO FCTC《部分实施指南》、科学出版物、私人通信、WHO 咨询小组（WHO TobLabNet，WHO TobReg 和 GTRF）、WHO FCTC 知识中心、烟草行业网站和公司报告、市场报告和数据、会议、其他国家的立法］？
- 区域或国际合作能促进经验分享和现有证据基础的使用吗？如何促进？

在制定政策时需要注意这是独立研究还是来自烟草行业的其他

证据，因为后者可能是有偏见的。WHO FCTC 的 5.3 条要求缔约方保护来自商业和烟草行业其他既得利益的烟草控制方面的公共卫生政策[35]。在审查证据的强度或相关性时，卫生部门应考虑研究背景，如作者所属机构、研究经费来源，以及是否存在使证据与研究目的或所涉国家不相关的任何限制，来确定研究内容是否存在偏见。

当考虑政策选择和利用相关专业知识时，卫生部门应有效识别关键的利益相关者，每一个选择都必须被正确评估，平衡风险和预期收益。确定每个利益相关方的重要性和相关性的利害关系方分析结合公共协商是一种有用的方法，它将确保最大限度地进行外联和收集关于拟议干预措施的尽可能多的证据，以便作出深思熟虑的决定。这将有助于全面评估关于企业、人群、目标群体和公共卫生等若干参数的干预措施。

对证据的分析是最关键的步骤，可以在整个过程中或在证据收集工作结束时进行。这一步骤可以提取有意义的信息和趋势以检验是否有强有力的证据基础来支持拟议的干预措施，并确定是否需要重新确定监管的优先次序或修改这些干预措施，还可以识别负面或者意料之外的后果，以及将这些负面后果最小化。

促进决策所需的信息、数据和报告将受规定的目的和范围的指导，并在审议过程开始时予以明确考虑。确定所需的分析种类是很重要的。定性和定量的方法可以帮助决策。虽然许多评估工具在网上可以公开获取，但应该事先确定分析需要哪些专家，例如数据分析师、经济学家、信息技术或其他专家。

3.4　该怎么办？做出管制的决定

达到最好的立法机会需要最清楚、最可靠的证据。卫生部门也应该考虑提出的干预措施的实用性，实施过程中的定时校正、参与和批准，实施的可行性，资源的可持续性，对公众健康、经济（包括小型企业和大型企业）和环境的影响，以及意外后果的评估。在作出决定时，卫生部门应明确列出考虑的问题，提出监管干预的基础，目标和预期结果及影响，并且提供所有选项（包括不作为）的描述，列出每个选项的货币化和非货币化的成本、收益、证据及理由和风险及假设。此外，应阐明拟议干预措施的更广泛影响，并为优选方案以及如何实施、管理、衡量和执行提供理由。影响评估是组织这些步骤的有用方法，并且存在可用于此目的的公开可用的模板，图 3 提供了一个示例。建议采用在决策过程中确定的组成部分，低资源国家在向决策者提出监管选择时可以采用相同的方法。

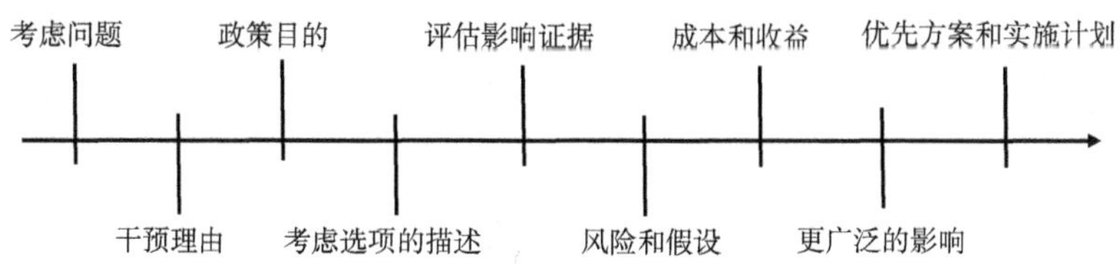

图 3　从最初考虑监管干预到做出管制决定的决策过程所需步骤 [36]

建议的政策能否成功取决于上述过程（或类似过程）的严格性，以及优选方案的确定，并用具体证据适当证实。这种对证据收集和评估的整体方法以及将从该过程中收集到的信息呈现为决策者（可以是专家组、指导小组、独立委员会或议会）可理解且简明的政策语言，将有助于制定健全的政策，并有更好的机会实现既定目标。

此外，应不断修改政策以适应不断变化的监管需要，并根据需要纳入新出现的证据，也可以在低资源环境中探索逐步或分层的实现方法，以最佳地利用现有资源并实现效益最大化。

应当考虑管制后监督，因为它提供了衡量干预措施的有效性、监测、审查和评估进展以及收集数据以改进监管的关键手段。下面的问题可以指导管制后监督：

- 国家是否能够满足监管规定的目标?
- 谁是监管信息的保管人?
- 评估监管产生数据的可用机制是什么?
- 是否有评估使用的监管措施的规定?
- 这些规定是什么? 评估的频率是什么?

案例 2　布基纳法索——在低收入国家发展产品监管和测试的能力

布基纳法索于 2006 年 10 月成为世界卫生组织《烟草控制框架公约》的缔约方，并致力于使烟草制品条例符合 WHO FCTC 第 9 和 10 条的规定，尽管布基纳法索作为一个低收入国家（LIC）在制定和执行烟草管制政策方面面临挑战。该国于 2010 通过了《烟草控制法案》，该法案的管制重点是烟草制品包装和警示标识[37]，并在 2011 年和 2015 年通过了实施法律的立法。世界卫生组织 2017 年关于全球烟草流行的报告[38]将布基纳法索确定为自 2014 年以来已通过强烈健康警示标识的三大低收入国家之一，该报告还将其列为卫生警示标识方面成就最大的国家之一。

布基纳法索不能免除许多低收入国家所面临的困难，这些困难包括烟草行业的干扰，资源、政治意愿及相关专业知识的缺乏，为克服这些挑战和实施产品管制所取得的经验教训和方法可能对其他面临类似情况的国家有所帮助。

加入相关国际烟草监管网络，如 WHO TobLabNet

布基纳法索于 2005 成为世界卫生组织烟草实验室网络的成员，通过积极参与网络活动，加强了其研究和测试能力，特别是在烟草制品管制领域。

与 WHO 合作，成为烟草制品测试和研究的 WHO 合作中心之一

世界卫生组织通过多种机制推进其工作计划，包括合作中心，这是由世界卫生组织总干事任命的机构，在世界卫生组织的领导下开展支持世界卫生组织工作计划的活动。布基纳法索在国际烟草控制方面非常活跃，包括加入世界卫生组织《烟草控制框架公约》，该公约于 2013 年指定公共卫生国家实验室——位于首都瓦加杜古的环境与卫生部毒物学国家圣地实验室作为世界卫生组织合作中心。该实验室参与制定了国际上烟草制品成分和释放物的方法，这些方法由 COP 授权给世界卫生组织《烟草控制框架公约》。

烟草制品检测实验室

通过发展烟草制品实验室测试能力，布基纳法索现在可以测试其市场上可获得的产品，以按照国家法律履行相关义务。实验室还可以帮助检测其所在地区的烟草制品的成分和释放物，其方法可供其他国家使用。此外，由于其积极参与国际烟草控制活动，可以获得最新信息、各种专业知识和资源以推动国家烟草制品管制。

政府高级官员的支持

政治在大多数国家的烟草控制中起着举足轻重的作用，并且可以决定所提议的干预措施的命运[39]。政府主要官员和部长的持续参与和支持可能是推动监管通过的催化剂。以资源形式提供的持续支持和维持在政治议程上的优先地位也可以产生重大影响。官员关于烟草控制政策的立场将决定烟草控制在短期和长期两方面的进展，这意味着他们的支持是必不可少的。部长理事会对全面的国家烟草控制法规的支持以及政府主要参与者的后续行动对这些法规的有效性增加了很大的权重。

第 4 章　实施监管前的考虑因素

本章介绍在选择监管干预措施的过程中可能对卫生部门有用的问题。具体而言，考虑类似问题可能有助于卫生部门选择最适当的监管措施，改进措施以准确反映手头的问题和出现的背景，并最终有助于措施的成功实施。

出于演示目的，讨论的焦点是三个监管选项，每个选项具有不同的范围（窄、中和宽）。所有这些措施都是为了在总体政策目标下减少烟草制品的吸引力，该总体政策目标是劝阻年轻人尝试使用烟草（见图 4）。这些不同的选择对应四个基本的监管问题，每一个框架作为一个问题。

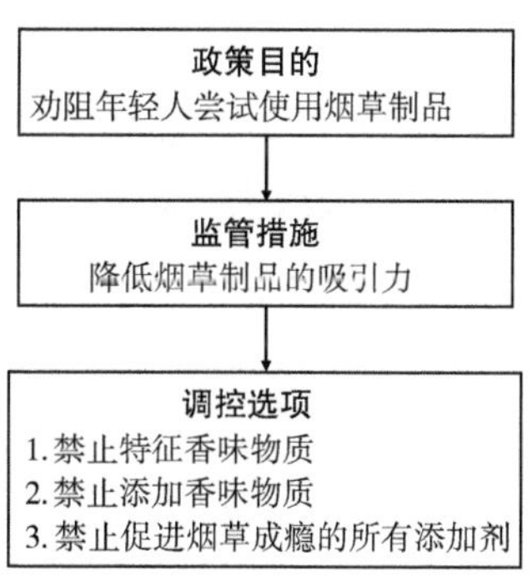

图 4　阻碍年轻人使用烟草的三个监管选项的例子

（1）是否收集了相关信息?

（2）监管文本中包含哪些内容?

（3）选择的措施是否实用?

（4）如何得知管制已经奏效?

4.1 是否收集了相关信息？

支持管制烟草制品成分、设计或释放物的决定信息可从烟草使用流行性、烟草使用态度的人口调查、国内烟草市场数据、公众舆论研究、产品测试、同行审查研究、产品信息披露（烟草行业提交的数据）、从其他国家吸取的教训（问题和解决方案）、民间团体，甚至从烟草行业（例如来自竞争对手的投诉）中收集。这些信息有助于确定与烟草相关的问题及其具体性质，以识别潜在的解决方案。

在上面的图 4 所示的例子中，收集的信息可以用来帮助回答下列问题：

- 国内市场上有没有香味烟草制品？如果有的话，它们的产品类型和口味是什么？
- 市场上有没有被宣称为含有除香料之外的添加剂（如蜂蜜、其他甜味剂、维生素）的烟草制品？
- 这些产品是什么时候投放市场的？它们占烟草总销售的比例是多少？
- 这些产品是怎么上市的？
- 香料烟草制品在青少年或年轻吸烟者或其他受关注人群使用的产品中是否占很大比例？
- 年轻人对这些产品的摄取量有没有增加？

这些问题的答案将有助于适当范围（从窄到宽）的干预。监管选择受到收集到的信息的影响，包括数据的质量和完整性，以及如何使用它，如图 5 所示。例如，在一个国家，一种或多种特定口味（例如薄荷醇或香草）已被证明在吸引年轻人使用烟草方面起着相当大的作用，监管策略可能集中在基于营销、包装和公开产品特性（窄范围）为“风味产品”的产品上。另外，主要关注的问题可能是通过添加风味化合物使产品更美味，这些味道是否直接或明确地传达给消费者。在这种情况下，可以完全禁止使用香料（中范围），或者这个禁令可以进一步扩展到包括增加吸引力的其他添加剂，如甜味剂、保润剂、着色剂、兴奋剂或 pH 调节剂（宽范围）。

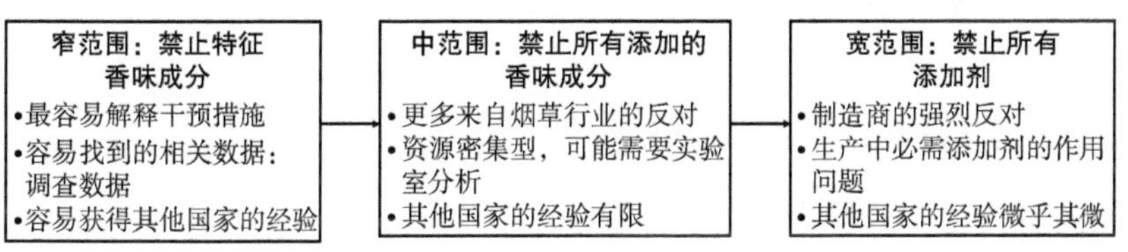

图 5　管制干预范围的选择——窄、中、宽

虽然更广泛的监管范围可能有更大的潜力来解决最初的政策目标，或者超出这个目标对减少烟草的使用将有更大的影响，它还可能需要更多更强大的证据基础来支持，而且可能需要更多的工作来确定如何实施这种行动，或者预测这种行动的潜在后果。或者，逐步的方法可能是一个合适的选择，而不是同时在一个广泛的范围实施措施，随着时间的推移可以引入其他监管步骤。范围的选择将在下面进一步讨论。

窄范围的管制干预（禁止烟草制品按香料销售或以其他方式分类）情况下，国内烟草市场数据和现有文献表明香料产品如何使烟草制品对年轻人更有吸引力，可能就足够支持干预，这取决于国家的情况。中范围的选项可能需要进一步的证据，例如，可能需要从制造商收集的关于烟草成分的产品特定数据或独立实验室分析数据来支持，甚至在没有市场营销或这些产品作为风味的其他公开表征的情况下证明在烟草制品中发现风味添加剂。

进一步的判定可以集中于特定风味添加剂是否有助于使烟草制品更具吸引力（即通过感官测试或监测）。风味化合物与年轻人的尝试或使用之间的联系可能比公开以风味为特征的产品更难以证明。虽然收集相关信息所需的工作量可能随着选择范围的扩大而增加，但是对公众健康的潜在积极影响也会增加。例如，中范围选择阻止制造商只删除标签或其他标识符而继续销售相同口味的产品（例如删除标识“薄荷醇”，但继续向产品中添加薄荷醇）。宽范围的选择进一步限制了烟草行业的创新，并通过防止其他添加剂如糖或着色剂取代风味化合物来吸引新用户。

大多数卫生部门必须解决关键问题，即它们是否具有足够的法律权力来推进所考虑的监管选择。如果一个权威机构没有采用某些选择所必需的权力，它可能需要缩小优先选择的范围，或者改变法律以提供所需的权力。

案例3　智利——对含薄荷醇产品的禁令被推翻

智利法律授权卫生部限制或禁止向烟草中添加会增加成瘾程度和健康风险的物质。根据这些法律，卫生部在2013年开始禁止薄荷醇烟草制品，但总审计办公室长（一个独立的政府部门）裁定卫生部未能证明薄荷醇直接增加成瘾、危害或风险。

全国健康调查（ENS 2016-17）提供的15岁及以上人群的全国代表性抽样数据结果表明薄荷醇卷烟的消费量在目前吸烟者中占35.5%（女性45.4%，男性27.8%）。另外，“click”卷烟的消费量达到当前吸烟者的44.3%（女性为52%，男性为38.4%）。

建议修改烟草控制法是目前正在考虑的，旨在禁止香料和添加剂等，例如薄荷醇，它具有促进烟草使用的作用；而且，直接或间接地增加成瘾、危害和使用的风险。该法案得到两院卫生委员会的多数通过，并将由国民大会审议成为国家法律。这项法案要求在两个立法机构中进行有利的投票，同时也需要总统的签字。新政府表示支持这项法案。

4.2　监管文本中包含哪些内容?

一旦确定了管理措施和范围，并确认卫生部门的法律权力足以满足这一选择，就必须起草监管文本（无论是立法、法令、决议还是类似的法律文件）。这应该用来解决眼前的问题，但要足够灵活以适应市场反应，例如产业创新或新的科学证据。参考其他国家的立法并询问它们的经验证明对起草强有力的监管文本有极大的帮助。

认真起草相关规定，以便监管实体清楚理解。同样，必要时规定应包括明确和全面的定义。还应考虑到意想不到的后果和可能被利用的漏洞。在本章所讨论的示例中，需要对什么构成特征性风味进行客观定义①，以确保该术语被清晰和一致地理解。除了管制烟草制品的成分外，各国还应考虑禁止“包装上的任何风味表述”作为（视觉）促销要素，就像欧盟的情况一样。

卫生部门应排除不明确的措辞，例如“制造所必需的成分”，

① 定义的一个例子：在《欧盟烟草制品指令》（2014/40/EU）中，“特征风味”指一种除烟草以外的明显气味或味道，由添加剂或添加剂的组合产生，包括但不限于水果、香料、草药、酒精、糖果、薄荷醇或香草，在使用前或使用期间是明显的。

可能被烟草行业利用来挑战干预的预期范围。更确切地说，措辞应使法庭容易理解和适用。

鉴于烟草行业的诉讼性质，卫生部门不妨提前准备可能的诉讼。考虑到国家背景，烟草行业可能会利用宪法论证来反对拟议的监管措施。为解决这一问题，应该通过规定来保护这一措施。如果必要的话，请主题专家或学术机构提前帮助鉴定专家证人，并就任何所需的额外信息提出建议，也是有用的。此外，如果在引入立法之前进行公共协商，并分析协商的反应，以整理能够帮助应对烟草行业可能的挑战的信息，是非常有价值的。

在世界贸易组织成员国（或区域贸易集团）中，烟草行业可能试图利用该国的贸易义务来反对一项管制措施，可以采用降低烟草控制进展的标准工业实践的策略（见第 2 章）。同样，通过提前计划措辞条款以限制行业通过贸易义务破坏干预也是有用的。

制定监管措施需要考虑的其他因素包括：

- 确定强制执行权是否足以扣押不符合要求的产品和 / 或发起起诉；
- 清楚地认定执行机构需要的所有权力；
- 规定作为威慑力量的惩罚（例如罚款、监禁），注意违反法律的惩罚必须足够严厉，以防止制造商仅仅把它们当作“做生意的费用”；
- 建立明确的最后期限，例如，条款生效的时间；
- 编写案文，以便包括非政府组织在内的一般公众报告指称的侵权行为；
- 确保职责明确指示，特别是在有两个以上的监管部门参与执法时；

- 建立明确的时间表和程序，特别是在有争议的地方。

最后，不仅让制造商，而且让烟草进口商、批发商、分销商和零售商负责确保他们负责的产品符合监管规定也是有益的。

寻求其他政府部门的意见和建议

根据国家情况，就拟议的监管文件咨询其他政府部门以寻求帮助或建议可能是有益的。考虑下面的例子和潜在的帮助。

- 对于世界贸易组织成员国来说，咨询贸易部可以帮助确保该措施是公平的、非歧视性的，并且符合成员国之间的贸易规则。
- 海关或主管部门可以帮助解决烟草行业可能引起的违禁品争论。
- 如果当地烟草种植者可能受到拟议措施的影响，农业部可以帮助采取缓解措施。
- 如果烟草制品的税收可能受到监管措施的影响，财政部或主管部门可以帮助采取缓解措施。
- 司法部可以提供帮助解决法律问题，包括烟草行业的法庭挑战。

4.3　选择的措施是否实用?

另一个需要考虑的关键问题是实施优选措施的实用性。例如，知道并处理下列问题的答案是有用的：

- 政府机构是否已进行了与监管措施有关的执法活动？
- 如果是的话，机构是否有足够的资源？是否有烟草制品管控的经验？
- 是否有可能调整关于消费品（如化妆品等）的另一现有监管框架以适用于烟草制品？
- 机构是否已经确定了监控依从性的方法？是否考虑过替代措施？
- 如果指定检查员来监测遵守情况，是否必须编写培训材料，是否将向这些检查员提供培训，以及如何提供这种培训？
- 卫生部门是否有合规的监测设施？根据干预的范围，可能需要实验室测试来验证依从性。
- 如果没有自己的实验室设施，主管部门是否可以访问独立的（签约的）实验室进行适当的测试？

在所选方法已经实施一段时间之后，将重新对其进行审视以评估它是否继续有效。

除了上述考虑，确定的监管范围（窄范围、中范围或宽范围，如本章开头的例子）对实现的容易程度也有一定的影响。例如，在许多法域，针对窄范围选项的遵从和执行活动是最容易实现的（尽管确定什么构成特征味道可能是具有挑战性的）。中范围或广范围的措施将触发对额外资源的需求，因为它们可能涉及实验室测试和开发用于检测烟草制品中香味成分的分析方法。另一方面，依靠实验室的结果可能是一种实用的和直接获得依从性的方式。

4.4　如何得知管制已经奏效？

在实施监管措施之前，卫生部门可能受益于决定如何监测监管干预措施对初始问题的影响。一种方法是首先使用有助于确定存在与烟草有关的问题信息，选择一个或多个指标以便跟踪进展情况。在实施干预之前，确保有足够的信息来建立基线（对未来数据进行比较）是有用的，并且有计划地继续收集相关信息。在此，主题专家可能对是否应当收集附加信息以及如何收集附加信息（例如通过调查）提供有用的建议。

考虑预期的结果是否是可测量的也是有益的。可测量的指标可以帮助确保发现成绩并适当地报道出来。确保有效监测依从性，并帮助评估所测量的影响（包括成绩）是否与受管制实体的低或高依从性相关，这可能也是至关重要的。

监测公众对监管干预的看法可以提供有关措施影响的有用信息，以及需要在这方面采取哪些额外行动（如果有的话）。例如，该措施是否导致公众的误解，例如认为烟草制品已经变得不那么有害？

对监管干预的预期经济影响有扎实的了解也有助于卫生部门支持有效监测措施的影响。这样的经济成本分析可以帮助卫生部门做好准备来反驳烟草行业预期的论点以加强干预。在经济成本分析中可能有用的关键元素 / 信息包括：

- 受该措施影响的制造商和进口商（小型、中型、大型）的数量和规模；
- 受到影响的烟草制品的百分比和价值；

- 制造商预计购买新仪器和设备的资本费用；
- 制造商重新设计烟草制品、报告管制数据或提供分析样品的费用；
- 产品价格的预期变化，如果有的话；
- 预期销售减少，通过减少的烟草制品销售数量和减少的销售收入两方面进行测量。

在措施实施后的某个时间（即两到五年）再次审查上述内容可能有助于卫生部门评估市场反应。卫生部门还希望监测市场的其他方面，以便回答以下问题：

- 禁止烟草制品的一个特征（例如特征风味）是否导致烟草行业使用替代品来规避干预的意图？
- 烟草行业是否发现并利用了监管文本中的漏洞？

鉴于准备、实施和监测监管干预的结果所需的工作量，理想情况下卫生部门将与其他国家分享结果，以帮助促进全球烟草控制。各国之间的协调对于预测问题或挑战以及防止行业利用监管差异可能特别重要。在第 2 章中提供了关于数据的合作和共享的进一步讨论。

案例 4　加拿大——烟草行业规避香料禁令的实施

20 世纪初，香味的小雪茄开始出现在加拿大市场上。香味的小雪茄与卷烟相似，但有诱人的水果和糖果味道。通过强制性行业信息披露收集的销售数据表明这些产品正变得越来越受欢迎。香味小雪茄的销量在五年内增长了 3 倍，而未加香味的雪茄的市场销量基本持平。20 世纪下半叶的调查数据表明，加拿大青年小雪茄使用率明显增多。这些数据表明年轻人对这些产品的兴趣在很大程度上可以解释销售量增加的观点。

为了解决这个问题，加拿大出台了《打击向青少年营销烟草的法案》（2009）。该法案禁止制造和销售含有使产品具有吸引力的某些添加剂的小雪茄、卷烟和雪茄皮，包括大多数风味添加剂（但不包括薄荷醇）。该法案还禁止任何包装上的陈述表明禁用添加剂[40]。

最初的立法很快被烟草制造商规避了。通过对市场的实施后监测，观察到烟草行业已将香味小雪茄做大，并且通过这样做，在法律上能够继续提供香味产品。政府的第一反应是将香料禁令延伸到大多数种类的雪茄，随后在 2015 年的修正案中禁止薄荷醇。将最初的香料禁令扩展到薄荷醇是基于调查信息显示年轻人和年轻吸烟者对含薄荷醇的烟草制品有更高兴趣[40]。

实施薄荷醇禁令后的研究发现，以前作为薄荷醇销售的产品至少暂时继续呈现绿色，并且描述时候强调“口感顺滑”，表明包装可以用作保持吸引力和破坏薄荷醇禁令的公众健康益处的策略[41]。其他想实施香味禁令的国家可能需要考虑到使用营销策略作为规避政策目标的手段。

第5章　实施与潜在挑战

在确定特定监管环境下的需求和资源之后（第3章），仔细考虑政策方法以达到预期的监管目标（第4章），监管部门的下一步是政策的实施。考虑到每个国家独特的政治和法律环境、监管部门的来源和范围、监管目标的性质、行动的科学基础和正当性、反对措施的程度、可借鉴的类似监管经验以及其他相关因素，成功实施所需的步骤将有所不同。

本章将通过讨论2001年的《欧盟烟草制品指令》（TPD1）[18]和2014年的《欧盟烟草制品指令》（TPD2）[17]来说明实施过程潜在的复杂性。以下讨论的主要焦点是欧盟对TPD2采取方法的基本原理、重新评估和修订先前行动的必要性、实施的挑战以及成功应对挑战的方法。

5.1　烟草制品管制的实施是怎样的?

烟草使用导致全球每年700万人死亡，这些死亡本可避免，其中欧盟每年有70万人。大约50%的吸烟者过早死亡（平均早14年）。绝大多数吸烟者在他们很小的时候就开始吸烟——根据最新的调查数据，52%的现在或曾经吸烟的人在他们18岁生日之前养成了规律的吸烟习惯，93%在26岁之前[42]。

为了解决这种情况，欧盟及其成员国通过各种形式的立法活动、建议和信息来实施烟草控制措施。这些政策措施包括：对欧盟市场上的烟草及相关产品（TRP）进行管制，限制跨境广告和赞助，创造无烟环境，征税抵制非法贸易。

2001 年 TPD1（2001/37/EC）

2001 年欧盟首次通过了关于烟草制品的法案——《欧盟烟草制品指令》2001/37/EC（TPD1）[18]。早期的相关立法主要侧重于个别规定，例如设定焦油限制（90/239/EEC 指令）[43]、产品标签（89/622/EEC 指令[44]、92/41/EEC 指令[45]）和禁止口用烟草（92/41/EEC 指令）[45]。

TPD1 已经预见了与某些规定有关的措施，例如健康警示、卷烟 TNCO 限量、成分报告、口用烟草、释放物报告和产品说明。在 2001 年生效后，欧盟委员会分别在 2005 年[46]和 2007 年[47]报告了两次执行情况。这些报告突出了 TPD1 的一些缺点，例如需要更好地与世界卫生组织《烟草控制框架公约》保持一致（例如，在大型强制性图像健康警示标志和废除在烟盒上印刷 TNCO 释放量方面），对强制性电子报告系统的需求，引进新型烟草及相关产品有关的挑战，以及烟草行业规避现有法律的努力。

法律本身明确对 TPD1 进行审查，欧洲议会和欧盟理事会多次要求对 TPD1 进行修订以充分反映市场、科学和国际发展。出于几个原因，这一修订是必要的。新的科学证据已经出现，例如关于烟草香料和健康警示的有效性。此外，新的产品，如电子烟或 ENDS 和新的风味烟草制品引入欧盟市场。国际形势发生了变化，例如由世界卫生组织《烟草控制框架公约》发起，欧盟成员国对此采取了不同的管制办法。因此，修订的一个重要目标是协调履行这些国际义务，并确保在不具有约束力的世界卫生组织《烟草控制框架公约》

承诺方面采取一致的做法。

在考虑调整政策措施时，有必要更新那些根据欧盟法律已经协调的领域，以克服成员国根据不断变化的市场以及科学和国际发展更新国家立法的障碍。此外，有必要解决 TPD1 尚未涉及的与产品有关的措施，以避免成员国出现异质发展导致内部市场分割的可能性。最后，重要的是解决规避现行法律的问题。

除了烟草消费对人们健康的负面影响外，与烟草管制政策实施的比较好的其他管辖区相比，加强烟草制品管制的最令人信服的原因之一是吸烟流行率，特别是在年轻人中，仍然很高。根据修订时的调查数据，欧盟总人口（15 岁及以上）的吸烟流行率为 28%，15~24 岁年龄组的吸烟流行率为 29%[48]。

总之，新的《欧盟烟草制品指令》2014/40/EU（TPD2）[17] 力求改善欧盟烟草制品内部市场的运作，同时确保高水平的公众健康。主要目标是降低欧盟烟草制品和烟草消费的吸引力，特别是对年轻人的吸引力。

《欧盟烟草制品指令》2014/40/EU（TPD2）的管制概要

标识与包装

- 大的强制性健康警示图片
- 一般健康警示 / 信息替代 TNCO 标识
- 不许促销或包含误导性的包装和元素

成分报告和管制

- 禁止含有特征香味的卷烟和手卷烟
- 禁止使用具有某些特性的添加剂或产品（例如含有增加有害性、致瘾性或吸引力的添加剂）

- 禁止在烟草制品的某些组成部分中含香味物质（包括滤嘴、烟纸、包装、胶囊）
- 成分、释放物和销售数据的强制性电子报告
- 确定优先报告的添加剂

电子烟

- 安全和质量要求
- 包装和标签规则
- 通知与监测

新型烟草

- 事先通知和加强报告

禁止口用烟草制品

跨境远程销售和草本产品规定

打击非法贸易的措施

修订的程序

在 TPD1 的修订过程中，公民、利益相关者、非政府组织和成员国进行了广泛的协商。进行了一些研究以评估不同的政策选择和方案。最后，进行了广泛的影响评估[49,50]以确定不同选择对经济、健康、社会和环境影响的定性和定量影响程度，以便确定优选选项。欧盟委员会（European Commission）在 2012 年 12 月公布了影响评估结果[49]及修订该法的建议。在与共同立法者，即欧洲议会和欧盟理事会谈判之后，经修订的 TPD2 于 2014 年 4 月获得通过。

TPD2 于 2016 年 5 月 20 日在欧盟成员国适用。要求各成员国实施必要的法律、法规和行政措施，以确保充分遵守并必须在这个最

后期限之前向委员会通报国家规定的案文。根据指令（2014/40/EU）的过渡性规定，到 2017 年 5 月 20 日，在欧盟市场上销售的所有产品都应遵守该指令。TPD2 的管制概要引用如上。这些规定的更全面描述请见本手册附录。

TPD2 的实施

实施 TPD2 是欧盟成员国的义务，欧盟委员会通过制定支持机制和工具或通过支持相关活动的协调和 / 或协作向成员国提供支持。在某些领域，欧洲议会和欧盟理事会授权委员会通过附加立法来实施 TPD2。这一次立法进一步详细说明了制造、展示和销售 TRP 的规则。在以下几个方面采取了授权和实施行为：

- 新的图片健康警示库；
- 用于抽吸烟草制品综合健康警示的布局、设计和形状；
- 一般警示和信息在手卷烟上的位置；
- 烟草制品成分、释放物和相关数据（包括新型烟草制品）的报告格式；
- 电子烟常见的报告格式；
- 电子烟注液机制的技术标准；
- 需要进一步检查的添加剂优先清单；
- 确定烟草制品是否具有特征风味的规则和机制，包括程序和建立小组；
- 烟草可追溯性和安全性系统的技术标准。
- 此外，该委员会已经向欧洲议会和欧盟理事会写了一份报告，说明使用可再充装电子烟对公众健康的潜在风险。

在制定法律的过程中，委员会得到了外部合约方和科学家的支持。反过来，执行立法为建立支持成员国实际执行 TPD2 的机制提供了基础，例如用于报告烟草制品和电子烟的信息的欧盟通用入口端（EU CEG），以及烟草制品风味特征的独立咨询小组。该委员会还建立了一个联合行动，由欧盟卫生计划提供资金，允许成员国联合起来实施 TPD。

TPD2 还提供了机制，以便将来考虑到新的发展，如国际商定的标准、科学证据、市场发展或国家措施，从而调整某些规定。实例包括健康警示、释放标准或允许的烟草制品添加剂水平。如果情况发生重大变化（就销售量或流行程度而言），委员会也可取消对某些产品类别的豁免（根据在年轻人群的销售额或流行程度而言）。

报告与监测

虽然监测国家市场属于成员国的职权范围，但委员会为成员国之间讨论和交流信息、经验和最佳做法提供了便利，例如通过联合行动及其烟草政策专家组。委员会还监督国际、科学和市场发展。

到 2021 年 5 月，委员会应就 TPD2 的使用情况提出报告，并应根据科学和技术发展进行审查或调整 TPD2 的内容。特别感兴趣的方面包括素包装、新型烟草制品、使用模式的变化、烟草成分管制和报告、细支烟、电子烟和水烟。

案例 5　欧盟——28 个成员国关于烟草制品香料的立法

欧盟的 28 个成员国在制定、谈判、实施法律时面临着独特的挑战。TPD2 是欧盟委员会（法律提案的制定者）和共同立法者（欧洲议会和欧盟理事会）谈判的结果。

在过去几十年中，欧盟成员国有时通过调整共同产品条例并酌情采取它们自己的个别办法：在有关烟草制品添加剂的立法方面，一些国家列出了允许的添加剂（正面清单），一些列出了禁止的添加剂（负面清单），而另一些国家则同时使用这两种添加剂，或者根本没有规定添加剂的使用。因此，要协调欧盟内部市场的运作，就必须有一个统一的成分方法。在 TPD2 的准备阶段，评估了三种选择（除了现状之外），从禁止具有特定性质的添加剂，到禁止所有非制造必需的添加剂（类似于加拿大和巴西方法的选择）。细节可以在由欧盟委员会提出的影响评估[49]中找到，并在执行摘要[50]中进行了总结。

关于香料，TPD2 颁布了一项禁令，即禁止具有特征香味的烟草制品，该禁令最初仅适用于卷烟和手卷烟（RYO）（定义见第 4.2 节）。这项规定的实施将由一个独立的专家咨询小组和一个感官和化学评估技术小组提供支持。此外，TPD2 预计烟草制品在其任何组成部分，如滤嘴、烟纸、包装和胶囊，不应含有香料。禁止改变烟草制品的气味、吃味或烟雾强度的技术特征。这些规定是通过解决产品展示的措施来补充的：除此之外，禁止在烟草包装上含有宣传或误导的特征或元素，以及提及生活方式的益处、吃味、气味或香味，并且这一规定适用于市场上所有烟草制品。

修订 TPD 期间的一个普遍挑战是抵消烟草行业的强烈游说。对于这一特定政策领域作出了一些让步，如某些烟草制品（如雪茄、雪茄烟、烟斗和水袋烟以及无烟烟草制品）免除对风味的禁止，以及将在欧盟的销售量在产品类别[51]中占 3% 或更多的具有特征香味的烟草制品的禁令推迟到 2020 年 5 月 20 日实施（薄荷烟的情况也是如此）。

5.2　可能面临的挑战是什么？

委员会和成员国的经验说明了实施 TPD2 所面临的法律和实际挑战，这些挑战概述如下。

法律挑战

欧盟继续在欧洲法院捍卫新 TPD2 的规定，在三起案件中成功地为 TPD2 辩护，法院确认 TPD2 是有效的，即“包装的广泛标准化、未来全欧盟范围内对薄荷烟的禁止和电子烟的特别规则是合法的”。与个别规定有关的几个其他法庭案件，如禁止口用烟草、咀嚼烟草与口用烟草的分类、产品介绍（促销元素）的规定、图片健康警示的使用和某些特征风味产品的过渡期等正在进行中。2016 年，英国的素包装法案也受到烟草行业的挑战。在对这一案件的里程碑意义的判决中，高等法院裁定政府对素包装的管制是合法的，烟草行业提出的所有质疑的理由均告失败。

在闭庭审理的两个案件（C-547/14，C-358/14）中，原告辩称关于风味特征的规定将构成对薄荷烟和其他卷烟的歧视。然而，参考先前的世界贸易组织案例（见第 2.2 节中对此案的概述），欧盟辩称从禁令中豁免薄荷醇将构成不公正的待遇差异，从而构成对其他口味的歧视[52]。从这些案例以及正在进行的相关案例和与成员国的讨论获得的经验表明，烟草行业正在作出一致努力以使薄荷醇产品尽可能长时间地在市场上销售。

规避管制

已经观察到制造商规避 TPD2 的尝试和努力。个别成员国报告的例子包括向包装中添加风味线以绕过对具有特征风味的产品的禁令，以及销售诸如胶囊、加香的卷烟纸或包装套，以分别规避禁止使用含香味胶囊产品、禁止使用具有特征风味的产品和强制标识健康警示的要求。

新型烟草制品

烟草行业致力于新型烟草制品的研发，如 HTPS，这对主管部门构成挑战，特别是对于它们的分类。就这些产品的管制而言，TPD2 几乎涵盖了所有烟草制品，它要求制造商 / 进口商在投放市场之前提交事先通知（提前 6 个月），并附上关于所有此类产品的详细信息。此外，成员国可以决定为这些产品引入授权系统。

资源与基础设施

考虑到所预见的任务和它所需要的相关机制，TPD2 的实施是资源密集型的，无论是对欧盟还是国家层面的监管者都是如此。例如，主管当局需要处理和分析通过欧盟 CEG 从该行业接收的大量与产品有关的数据。成员国主管当局在考虑保护商业秘密的必要性的同时，有义务公布这些数据。其他例子包括由独立咨询小组、感官和化学评估员技术小组评估测试产品，以及关于烟草制品可追溯系统的规定。LIC 或低资源国家不妨考虑法规要求它们的执行有限的能力实施到何种程度，并主要侧重于遵守更明确的法规（即不需要进行感官或化学评估）。

案例 6 巴西——烟草行业反对者推迟了禁令的实施，但最终还是失败了

2012 年 3 月 15 日，巴西卫生监督管理局（ANVISA）通过一项决议，禁止进口或销售含有包括香味成分的大部分添加剂的烟草制品[53]。这是第一次有国家禁止烟草制品中的所有香料，包括薄荷醇。然而，在巴西烟草游说团体辛迪塔巴科对 ANVISA 提出的法律挑战得到解决之前，这项禁令最初并未得到执行。2012 年年底，法院裁定支持辛迪塔巴科，并暂停了 ANVISA 决议的第 6 条和第 7 条[54, 55]。事实上，烟草行业已经获得对威胁其业务的添加剂和香料禁令的暂时司法中止。ANVISA 继续上诉，安排了多次听证会，但总是推迟。该案件最终于 2017 秋季在巴西联邦高级法庭审理。巴西最高法院驳回了烟草行业对宪法的挑战，并裁定支持 ANVISA 决议，是烟草控制和公共卫生的里程碑式的胜利[56]。截至 2018 年 2 月 1 日，烟草制品中香料和添加剂的禁令目前在巴西各地正式实施。

多年来，不同利益相关方提出的两个主要论点是：这项禁令违反宪法，ANVISA 没有提供科学证据证明禁止香味物质将有助于公共卫生目的。诋毁被证明的科学是烟草行业干扰的多种形式之一[57]。烟草行业引发争议，分散公众和政府的注意力，给科学证据播下怀疑的种子。最近一项研究再次证实了这一点，该研究证实烟草行业用来建立反对 ANVISA 提出的禁令的一些论据的信息是："通过对合法来源的虚假陈述和对非法来源的虚假陈述而产生的……决策者可能没有时间，也没有意愿仔细检查支持他们从不同利益集团接收的信息。对于烟草控制研究人员来说，继续探索决策过程是很重要的，以便更好地理解什么类型的信息进入这一过程以及产生什么影响。"[58]

这个案例除了表明产品管制是烟草行业极为关注的问题外，还应该成为希望禁止烟草制品中风味物质的国家的一个好例子。吸取的教训之一就是在管制的准备阶段所有国家都应提前开展系统工作，委托和收集相关的研究和科学证据，以便使烟草行业没有空间声称缺乏已知的科学基础来支持所提出的管制措施。

5.3 实施后的潜在结果是什么?

TPD2 的实施在一些欧盟成员国引发了额外的烟草控制措施。在通过 TPD2 之后，几个成员国引入了素包装（该立法已经被英国、法国和爱尔兰采纳）。这使得欧盟紧随澳大利亚之后，成为第二个引入素包装措施的管辖区。

在 TPD2 的背景下，一些成员国已经采取行动禁止某些产品类别，如嚼烟和鼻烟。这些行动是根据成员国的具体情况采取的，在国家层面而不是欧盟层面，以便保护公众健康。瑞典维持对其 1995 年加入欧盟时批准的口用烟草制品的豁免。此外，TPD2 在某些方面为成员国提供了采取具体措施的可能性，例如对新型烟草制品实行许可制或修改相关规定用于电子烟香料的管制。

通过 TPD2 采用更严格和包容性的规则有助于阻止年轻人尝试烟草并染上烟瘾。根据影响评估，预计 TPD2 将在五年内导致烟草消费量下降 2%。这相当于欧盟少 240 万的吸烟者。政府和社会应该受益于公众健康状况的改善，即寿命更长。根据计算，新措施导致的烟草消费减少转化为每年 5.06 亿欧元（5.77 亿美元）的医疗保健储蓄。然而，由于不合格产品只是最近才完全从欧盟市场撤出，所以目前就监管方法在实践中的作用进行实证分析还为时过早。作为 TPD2 报告义务的一部分，将进行全面评估。

5.4　如何回应意料之外的结果？

如上所述，随着监管发展、新科学证据的出现以及现有 TRP 市场的迅速变化，监管机构首先确定 TPD1 需要全面改变。TPD1 中的条款支持对该政策的有效性和成果进行审查，这明确了修订的必要性。

欧盟的经验突出了监测的重要性，不仅监测烟草制品及其变化，而且要监测由监管干预措施所带来的结果。结果监测可以采取监测意见、态度以及流行病学或其他基于健康的措施的形式。欧盟的经验也强调了适应性在成功监管方法中的重要性，因为将来都必须对市场的意外变化、新的科技发展或规避规章制度作出反应。监管部门必须考虑在这些情况下的替代方法。在第 4.4 节中对监督和监督的执行情况进行了更深入的讨论。

鉴于烟草市场是全球性的，烟草制品管制不能孤立地考虑或进行。一国的监管行动可为其他国家提供有用的起点，特别是那些考虑采用类似方法或面临类似监管问题的国家，因为它们都需要确定优先级或考虑实施的方面，例如定义术语、选项、约定、信息或识别潜在的漏洞或异常。一些监管行动可能会影响其他行业的行为，比如设定产品开发的优先权，或者生产和出口烟草制品的地点和方式。在可能的情况下，主管部门应借鉴已经考虑和 / 或成功实施条例的其他国家的经验，以便预测结果和挑战，进而分享自己的经验。

案例 7　欧盟——焦油、烟碱和一氧化碳的含量信息

监管经验可以为识别结果是否与目标显著不同提供信息，从而支持其实施。2001 年 6 月通过的 TPD1（2001/37/EC）要求烟草制品制造商在卷烟包装上印刷 TNCO 释放量的规定。

将 TNCO 释放量（数字描述）标注在卷烟包装上，旨在告知公众，特别是卷烟的消费者，关于烟草制品中分析物的吸烟机测量值，以使他们能够做出知情的公众健康选择。同时，禁止提及表明特定烟草制品比其他烟草制品危害更小的元素（例如，轻的、温和的）。然而，消费者将信息解释为相对风险工具（即一种产品被认为比另一种更安全或更好）[59]。例如，焦油量为 1 毫克 / 支烟的卷烟被误解为比 10 毫克 / 支烟的产品更安全。此外，由于诸如滤嘴通风和吸烟行为等因素的影响，基于吸烟机的烟气释放量是衡量人体暴露和风险的较差指标。基于上述经验和证据结果，在 TPD2 下烟草包装上的 TNCO 值不再进行标注。

第6章　新型和改良烟草制品及相关产品

随着新产品和品牌的引入，以及通过改变烟草配方、添加剂、卷烟纸和其他设计部件对现有品牌进行改良，现有烟草制品的市场在不断变化。许多新型或改良的产品应列入传统燃烧（卷烟、雪茄、bidis）或非燃烧（湿鼻烟、鼻烟、toombak）卷烟范围，这些烟草已使用数十年，其健康风险已得到良好记录。然而，近年来出现了多种新型烟草制品，包括使用先进电子学来控制释放物产生的加热烟草制品（HTP）[60]，以及使用新技术的卷烟，例如用于改变香料和/或释放物递送的胶囊[61]。不含烟草但在表现形式和使用方式上与烟草制品相似的烟草相关产品，如电子烟/ENDS、Shisha pen、草本产品和水烟蒸汽石等也越来越受欢迎。这些烟草相关产品中有的含烟碱，有的不含。例如，与ENDS非常相似的ENNDS就不含烟碱。

本章的目的是为管制新型和改良烟草制品及相关产品（TRP）提供指导。如第1章所指出的，WHO FCTC义务适用于包括HTP在内的所有烟草制品。此外，各国在确定它们认为哪些产品应受烟草管制时采取了不同的方法。本章考虑了一个基本的框架，将新型和改良产品与传统烟草制品联系起来。其次，讨论了监测和报告以识别和跟踪新型和改良TRP的重要性。第三，考虑新型和改良TRP独特的健康和人口风险以及评估这些产品的可能方法。基于这些考虑和当前关于这些产品的知识状况，为政策制定者提供了建议。应当牢记，当涉及产品和用于消费产品的设备的分类时（如烟斗、Shisha pen、水烟），监管方法可能是不同的。因此，明确规定监管框架的范围和所使用的定义是很重要的。

相关 COP 决定包括 FCTC/CO7(14)(进一步制定执行世界卫生组织《烟草控制框架公约》第 9 条和第 10 条的部分实施指南)，其中邀请世界卫生组织 [1] 继续监测和审查新型烟草制品的市场发展和使用，如加热烟草制品 [2]，与世界卫生组织《烟草控制框架公约》合作开展执行与能力建设的工作，为希望通过登记、许可或通知以及回购来监测市场特征和趋势的缔约方确定能力建设的方法和战略，以告知决策方案。

6.1 什么是新型和改良烟草制品及相关产品?

对烟草制品进行分类有助于确定适用哪些监管框架或规定，以及是否需要新的或额外的监管。世界卫生组织将新型产品定义为采用新的或非常规技术的烟草制品，例如将烟草蒸发到肺部或在卷烟滤嘴中添加薄荷胶囊，上市时间有限或在某国新引进的产品，以及声称可以降低风险的产品 [62]。

欧盟的 TPD2[17] 将新型烟草制品定义为不属于 TPD2 所定义的任何类别的烟草制品：于 2014 年 5 月 19 日之后投入市场的卷烟、手卷烟、烟斗烟、水烟、雪茄、嚼烟、鼻烟草或口含烟。此外，TPD2 为 ENDS 提供了第一个全面的监管框架。在美国，新型烟草制品包括所有在特定日期之前还没有上市的产品，不管它们的设计是否新颖。

为了开发一种监管方法，根据新产品与传统的燃烧型或非燃烧型烟草制品的相对差异程度来区分新产品最初是有用的。但这不意味着差异的程度与预期的健康风险和 / 或产品有害性、吸引力或致瘾性直接相关。相反，它给那些健康风险和相关结果具有最高不确定性的产品带来了更大的监管审查的负担。请注意，在下文所提议的类别之间没有明确的界定，决策者在制定定义时应考虑设置尽可能严格的边界，同时考虑其具体的管制框架。

1. 新型烟草及相关产品（TRP）。包括新型 TRP 和 / 或具有与已有烟草制品不同递送机制的新类别 TRP，导致产品内容、设计和释放的显著差异。实例包括 HTP 和可溶解烟草。

2. 新技术。这些新技术被整合到现有烟草制品的设计中，潜在并显著改变产品的有害性、致瘾性或吸引力。例如，香味滤嘴胶囊或转基因烟草（导致烟草中烟碱含量非常高 / 非常低）应用于卷烟。

3. 新型或改良烟草制品。被认为是使用了与其他已有烟草制品相同的技术和设计的任何新烟草制品；以及对现有烟草制品的任何小修改，例如添加剂组成、烟草混合物或卷烟纸的改变。

世界卫生组织《烟草控制框架公约》适用于所有烟草制品，包括 HTP 等产品类别。所有被视为合法烟草制品的产品都应受到适当的政策和管制措施的约束。对新型或改良 TRP 来说，可能需要针对这些产品所构成的具体挑战出台相应的附加法规。对于新型 TRP（第 1 类）和新技术（第 2 类）产品，可考虑许可不同种类的健康宣称（如果有的话），或与其他现有烟草制品在如何销售这些产品方面的差异。

如果已经对现有烟草制品实施了管制，这些管制措施可能足以涵盖新型或改良（第 3 类）烟草制品，或者在引入任何产品变化之前，可能需要建立监管壁垒或要求上市前审批（参见案例 8）。本地或区域环境也必须考虑：在一个国家或地区近期引入或推广的现有产品（例如无烟烟草或水烟）可以有效地被认为是该国或地区的新型或改良产品，其使用模式或健康风险可能与原产国或地区的使用模式或健康风险显著不同。

案例 8　美国——不同类别产品的授权制度

根据美国家庭吸烟预防和烟草控制法，制造商在向市场引入任何新产品之前必须获得销售授权，并且任何并非与现有产品完全相同（实质等同）的新产品是不允许的。制造商还必须报告对现有产品的成分、添加剂、成分和材料（例如纸张孔隙率）的所有修改，认识到这些成分的改变可能引起与现有产品不同或超过现有产品的公众健康问题[63]。

不符合与现有产品实质等同必要标准的新产品可以通过其他机制寻求监管授权。首先是上市前授权，是评估以确定新产品的营销是否“适合于保护公共卫生”[64]。ENDS 在这种机制下被审查。与实质等同相比，上市前授权要求对健康影响进行更全面、更彻底的评估。关键的是批准不是基于产品的风险（单独考虑），而是通过与先前存在的有害烟草制品进行比较。

第二种监管机制是制造商寻求将其产品分类为“风险改良烟草制品”（MRTP），MRTP 被定义为出售或分销的烟草制品以减少与烟草销售有关疾病的危害或风险的烟草制品。MRTP 评估根据提交的数据是否支持风险改良来进行[65]。

6.2　如何识别市场上的新型和改良烟草制品及相关产品?

鉴于新型或改良 TRP 的潜在健康风险，包括这些产品可能成为使用其他有害烟草制品的入门产品，卫生部门必须密切监测其市场中新产品的引进和销售[62]。这可以通过如下所述的持续监测以及报告要求来实现。

监测使卫生部门能够及时了解 TRP 的可获得性或销售方面的新发展，以及消费者的态度和行为，以及使用的普遍性。可通过卫生部门发展单一或持续进行的调查机制，或与大学或其他研究组织合作在正规基础上进行监测。市场或销售数据也可公开提供或在地方或区域购买以评估产品消费能力，或可能需要报告机制（见下文）。非正式的监测还可以包括搜索已发表的文献、网站、专利、贸易期刊和社交媒体。根据 WHO TobReg[66]，监测的目的不仅是识别新产品，而且还包括评估这些产品获得市场份额的可能性。

报告是指制造商按照世界卫生组织《烟草控制框架公约》第 10 条（见第 2 章）向卫生部门直接披露产品信息，包括产品的成分、设计特性和释放物。报告要求应当在新烟草制品被引入市场时告知卫生部门，并且在大多数情况下，应当包括足够的信息，以使卫生部门能够确定新产品是否等同于市场上的其他烟草制品，或者它们是否提出了成分、设计或释放物的具体问题，足以将它们归类为新型 TRPs（第 1 类）还是引入新技术（第 2 类）。请注意，烟草行业提供的信息通常必须与烟草行业无关的独立评估员和 / 或参考实验室进行验证（见第 7 章）。WHO TobLabNet 开发和验证的方法可能适合于监测和管制新型或改良 TRP 的成分和释放物，在方法经过评估之后可能适用于某些改良 TRP。

鉴于新型 TRP 或具有新技术的产品可与现有烟草制品显著不同，卫生部门希望其报告要求中包括上市前通知义务。例如，欧盟的 TPD2 要求制造商在新烟草制品投放市场前 6 个月通知主管部门。通知必须包括产品的详细描述、使用说明、成分和释放物信息，评估其有害性、致瘾性和吸引力，以及人口健康影响相关的现有科学和市场研究，例如统计偏好、风险收益以及对停止和启动的预期影响。成员国还可要求提供额外的信息或测试，可采用对这些产品进行授权的系统，并可为此授权收取相应的费用。与其他烟草制品一样，新型烟草制品必须遵守 TPD2 的有关规定。此外，新型烟草制品禁止包括健康声明在内的促销要素。一旦产品被引入，就需要提供销售数据。

对于现有产品，TPD2 规定如果产品的组成或设计被更改并影响提供的信息，则行业应通知成员国，例如，关于它们的成分和释放水平。这也适用于对产品组合物的修改，如滤嘴、卷烟纸、烟草材料或添加剂。

6.3 如何评价新型烟草制品及相关产品和“低风险”产品？

如果基于市场发展状况（例如流行程度的迅速增加）或其他信息来说有必要，卫生部门可决定评估新型或改良 TRP，以确定可能的健康结果。然而，产品在设计或使用上与现有烟草制品的差异程度将增加对个人和 / 或基于人群的风险评估的需要。评估现行法规是否足以应对产品构成的潜在风险以及是否应当实施额外措施也是必要的。在大多数法域中，现行法规并不完全涵盖所有新型 TRP，因为有些 TRP 可能不适合任何现有的监管类别。此外，一些新型 TRP 可能具有现有烟草制品所没有的效果或影响，例如电子烟的电气安全。因此，必须确定在某些情况下这些产品的哪些方面可以潜在地受到管制，以利于个人和公众健康。

评估新型 TRP 的许多优先事项将对应应用于现有烟草制品评估的优先事项：它们的相对有害性和绝对有害性，它们在特定目标群体中的吸引力，以及支撑致瘾性的潜力。产品的这些方面不仅需要考虑产品本身，还要关联到现有烟草制品市场，考虑潜在的混淆因素，例如初吸者或消费群体的吸纳、既往吸烟者复发的可能性以及新型 TRP 和现有烟草制品的双重（或多重）使用。例如，虽然通常认为电子烟 /ENDS 对吸烟者的危害比卷烟小，但在人群水平上的影响尚不明确。

一方面，电子烟 /ENDS 的使用在一些高收入国家的年轻人中正在增加，例如美国[67]，一些研究表明，它们可能成为使用其他烟草制品的门户[67,68]。另一方面，研究表明它们可能是有效的戒烟工具[69,70]。不幸的是，常常无法获得足够的信息来全面评估对公众健康的影响。这些不确定性，加上具体国家的情况和政治观点，已导致不同国家采取相反的政策选择，包括彻底禁止销售和 / 或进口这些产品 [例如在巴西、新加坡、泰国、乌拉圭和委内瑞拉（委内瑞拉玻利瓦尔共和国）] 作为降低吸烟率的工具。

尽管缺乏独立的科学证据，许多新型 TRP 已经被销售和 / 或被视为减少危害或降低风险的产品。隐含或明确的健康声明可能需要更严格的评价，因为健康声明本身可用于增加产品吸引力并最小化可能阻碍其使用的健康关注。

有害性的综合评估通常包括测试成分及释放物中的有害物质含量、测试暴露生物标志物、测试效应生物标志物（如疾病结果）以及临床试验中的使用和认知。例如，在欧盟健康、环境和新出现的风险科学委员会（SCHEER）报告[71]和其他科学咨询意见[72-74]中可以找到用于说明添加剂引起的有害性、致瘾性和吸引力的适当测试范例和具体测试的指南。这些指南和测试范例不仅限于评估单个化合物，而且适用于评估 TRP 的成分和释放物。对于专门针对含烟碱产品的管制，有一个风险就是含有烟碱类似物或其他致瘾性化合物的产品可能存在于市场。WHO TobReg 还公布了关于评估新型 TRP 所必需的方法和议定书的详细建议，包括上市后对新产品的设计特性、成分和释放物的监测[66]。为支持对新型 TRP 的评估而必需的数据收集包括以下内容：

- 产品说明（组成、物理参数、设计特点、包装）；
- 市场推广；
- 相对于其他烟草产品的成本；
- 对产品的认识和感知；
- 流行率和使用方式，包括与其他产品的共同使用；
- 使用理由；
- 年轻人的摄入量以及摄入是否导致使用其他烟草产品；
- 目标使用人群，如年轻人、妇女和患有精神疾病的人群；
- 依赖的发展和严重程度；
- 行为方式（例如抽吸行为）；
- 暴露于烟碱和 / 或其他致瘾性化合物。

不幸的是，可能无法获得足够的信息来对个人和人群层面上的所有因素进行全面评估。当面对许多未知因素时，使用乐观和悲观情景对因素进行建模可能是一个有用的工具[75]。与卷烟相比，最近评估电子烟 /ENDS 和 HTP 的相对风险是基于烟气排放的癌症风险指数的总和[76]，简单地计算释放量高于基准含量的水平[77]，或使用多准则决策会议的专家判断[78]。

6.4　如何对新型和改良烟草制品及相关产品进行管制?

世界卫生组织《烟草控制框架公约》第 9 条和第 10 条所述的烟草制品的管制扩展到所有含烟草的产品，包括所有新型烟草制品，以及烟草行业作为低风险而销售的那些烟草制品。WHO TobReg 还建议规范所有 TRP，包括含烟草和不含烟草的产品，这些 TRP 可帮助或限制戒烟，导致戒烟和成瘾，或通过双重或多重使用维持吸烟，以最大限度地提高任何益处和降低其危害[66]。卫生部门需要收集数据，采用评估工具，并咨询独立的评估人员和研究人员，对新型和改良 TRP 的风险作出基于科学的决策，并评估对个体用户和人群的有害性、致瘾性和吸引力的潜在影响。关于产品的全球数据的可利用性可以帮助进行这种评价，尽管产品以及社会和背景差异可能存在于不同国家或区域，在评估这些产品时必须考虑这些差异。

当有任何 TRP 打算出售或销售时，各国应要求向卫生部门通知。这将允许卫生部门知道任何形式的新 TRP 将被投入市场，能够对这些产品进行监测和控制，并建立关于 TRP 可用性的国家数据库以用于未来的监管设置。各国可以考虑使用注册费来支付通知的费用。

基于对其潜在风险和收益的评估，对于新型或改良 TRP 的监管策略会有所不同。根据新型 TRP（第 1 类）、新技术（第 2 类）和改良烟草制品（第 3 类）的类别对产品进行分类为制定监管方法提供了初始框架（见图 6）。如使用添加剂或共混制剂等稍作修改的新产品不太可能具有显著的健康益处，应以与其他现有产品一致的方式加以管制，或通过美国规定的管制要求加以限制。采用新技术的现有产品可能具有风险或好处，或两者兼有。例如，香味胶囊正被用于增加香烟的吸引力，而由极低烟碱含量的烟草制成的卷烟可能通过减少产品的致瘾性来支持减少人群的伤害。因此，需要对产品和技术进行逐案审查并相应地加以管制。

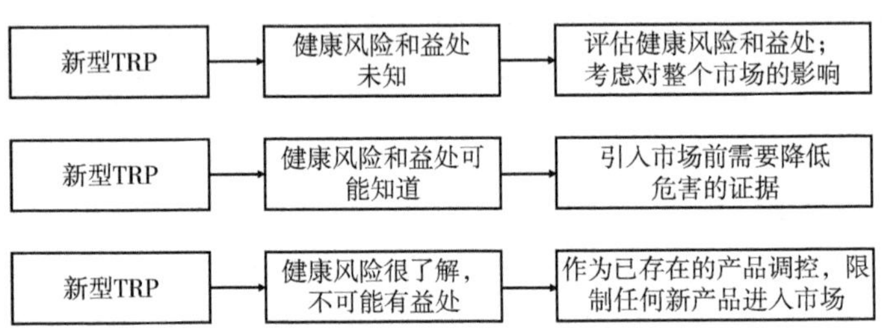

图 6　基于新型烟草、新技术和改良烟草及相关产品分类的监管战略

新型 TRP（第 1 类）代表了关于潜在风险和收益的最大不确定性，以及关于评估的最大挑战性。由于这些原因，管制新型 TRP 的方法有很大的不同。在这些极端之间是一系列潜在的选择，如明确界定市场进入渠道，或限制特定目标群体的产品准入。

重要的是要考虑在早期阶段对新型 TRP 进行管控，即使这些产品没有达到很高的市场份额，而且监管似乎还不能保证高度优先，因为很难预测哪些产品将获得高的市场份额或影响市场，例如 Shisha pen 的情况。与现有产品相比，如果新型 TRP 的有害性更大、更具吸引力或致瘾性，并且没有明显的公共卫生益处，则各方应考虑对这些产品的引入进行管制、限制或彻底禁止。确定管制什么以及如何监管将取决于监管国的优先事项和情况。

对于允许使用新型 TRP 的国家，卫生部门至少应当：

- 要在本地市场销售 / 零售任何新型烟草制品之前强制通知；
- 评估该产品对个体用户和人群的有害性、致瘾性和吸引力的潜在影响（烟草行业通过报告义务传递的数据在这方面可能有帮助，但是需要独立验证）；
- 采用世界卫生组织 TobLabNet 的方法来监测和管制这些产品的成分、设计特性和释放物；
- 向烟草行业征收产品注册和验证计量、分析的费用，并向烟草行业公布数据的费用；
- 对产品使用和健康结果进行市场后监测，并在提出新的健康问题时重新评估是否可能修改立法或禁止该产品；
- 向公众提供足够的风险信息，同时避免代表烟草制造商增加公众对产品认知的陷阱；
- 考虑在产品潜在危害减少的情况下，和 / 或在立法的情况下，信息多样化的可能性，符合烟碱是通过代表连续风险的产品递送的，并且当通过燃烧型产品递送时危害最大的事实[21]，同时避免给人留下其他烟草制品没有风险的总体印象；
- 考虑这些产品的破坏潜力：允许在禁止吸烟的地方使用这些产品可能破坏旨在使烟草消费非正常化以及防止暴露于烟草消费的烟草控制政策。

如上所述，世界卫生组织《烟草控制框架公约》的义务适用于所有烟草制品，包括 HTP。这意味着世界卫生组织《烟草控制框架公约》的全部法律义务适用于 HTP。

关于 ENDS，世界卫生组织建议各国政府：

- 考虑到对人体健康的高度保护，酌情禁止或管制 ENDS/ENNDS，包括作为烟草制品、医药产品、消费品或其他类别；
- 禁止制造商和第三方为 ENDS 提出包括 ENDS 是戒烟的辅助手段在内的任何健康宣传，直到制造商提供令人信服的科学证据并获得监管部门的批准；
- 禁止在公共密闭空间使用 ENDS，特别是在禁止吸烟的地方限制 ENDS 的广告、促销和赞助；
- 保护监管机构不受既得利益的侵害；
- 有效规范产品设计和信息；使用健康警示；
- 加强现有烟草监测系统；
- 禁止向未成年人出售 ENDS。

注意，在某些情况下，管制必须包括装置及其既定填充物，例如电子烟 /ENDS 及其烟液，HTP 及其填充物，如烟支、水烟及其烟草或草药填充物。对设备的管制包括加热元件，例如水烟碳，功能元件，如电池、烟芯、分隔间以及物理外观方面，例如颜色或形状。对填充物的管制可以扩展到它们的组成、烟碱含量和风味，以及包装、警示标签和其他营销方面。鉴于许多不同类型的填充物可用于单个设备，定义产品释放物可能会产生监管挑战。水烟可以使用许多不同类型的碳也存在类似的问题。明确产品与产品类别之间的监管区别和明确产品和组件的定义对于有效监管至关重要。

在管制新型 TRP 和其他新产品时，卫生部门应做好应对烟草行业抵抗的准备。如果这些管制扩展到诸如电子烟 /ENDS 等非烟草制品，那么抵制的范围可能扩展到新的行动小组，而且实际上，电子烟 /ENDS 用户协会已经在几个国家比较活跃。在限制或禁令之后走私和 / 或非法销售新型 TRP 可能与传统烟草制品相似。

案例 9　德国——通过阐明薄荷胶囊增加产品的吸引力来成功禁止薄荷胶囊

香味胶囊是近年来烟草行业的一项技术，其中含有液体香精（最常见的是薄荷醇）的胶囊被嵌入卷烟滤嘴中。吸烟者压碎胶囊释放香味，然后与烟雾一起吸入。

2012 年，德国癌症研究中心（GCRC）发布了一份关于卷烟滤嘴中薄荷胶囊的吸引力的综合文件[79]，包括表明烟草行业使用香味胶囊中释放的薄荷醇来掩盖烟气的刺激性，便于烟气吸入，给予总体低危害性的印象，并且抽含有薄荷胶囊卷烟在初吸者中很常见。GCRC 建议在德国继续禁止胶囊烟草制品（薄荷和其他），并禁止可增加烟草制品吸引力的成分。这些规定是在 TPD1 的范围内实施的。

同年，一家烟草公司向相关卫生部门、联邦消费者保护和食品安全办公室提交了销售薄荷胶囊卷烟的申请。经过审查，卫生部门以公共卫生为由驳回了申请。烟草公司对这一裁决提出上诉，但在 2012 年 9 月被行政法院驳回[80]。

法院在其裁决中指出："即使迄今为止没有研究表明胶囊卷烟中所含的薄荷醇进一步增加某一卷烟的健康危害，但现有的研究结果确实表明装有香味胶囊的卷烟比传统卷烟风险更高。原告开发的卷烟产品的销售违反了世界卫生组织《烟草控制框架公约》中规定的烟草控制原则。根据该公约，烟草制品的吸引力不应该通过新技术进一步提高。"由于引入带有香味胶囊的卷烟使吸烟更具吸引力，法院确认了联邦办公室拒绝薄荷胶囊申请的决定。

根据 TPD2 的规定，在欧盟，香料在烟草制品的任何成分均被禁止使用，如胶囊。

第 7 章　测试与披露

世界卫生组织《烟草控制框架公约》第 9 条和第 10 条要求缔约方采用标准方法测试烟草制品并披露烟草制品的成分和释放物信息[1]。产品信息披露有两种形式：

- 制造商向卫生部门披露信息；
- 卫生部门向公众披露信息。

产品测试可以产生支持两种披露形式所需的数据。第 2 章中有《部分实施指南》[4,27] 所定义的对这些要求的进一步阐述。烟草制品测试和披露措施为卫生部门提供了可用于评估现行政策以及制定和执行新的或扩展的政策、活动和规章的知识。这些知识还可用于向公众通报产品的特性、成分和相关的或潜在的风险或影响，包括烟草制品的致瘾性以及接触和使用这些产品的有害影响。因此，测试和披露的总体目标是协助烟草控制，努力促进公共卫生。

本章旨在通过概述测试和披露措施可能需要什么、提出实施的实际考虑以及确定抵消成本的方法来帮助卫生部门。当烟草制品测试和披露成为全面烟草控制策略的组成部分，直接支持明确的政策目标，并有足够的资源支持确定的目标时，其对卫生部门最有益。

7.1　什么是烟草制品测试?

卫生部门要求制造商提供关于烟草制品的一些信息，只能通过实验室测试获得。实验室产品检测是采用标准化的方法对产品的化学物质、物理参数等可测量特性进行重复检测。在一些情况下，实验室测试可能需要很少或不需要专门的知识或设备（例如质量、长度、圆周的测量），而其他测试可能比较昂贵、劳动密集和 / 或需要大量的专业知识。

实验室检测不是获得烟草制品信息的唯一手段。某些类型的信息，例如销售数据，可以由行业提供，而无须进行规定的测试。披露用于指导制造的添加剂配方、设计规范、性能或质量保证标准，或供应商提供的信息（例如卷烟纸、胶黏剂或香料制造商）可以提供有关产品组成的有价值的信息，因此可以在不需要测试的情况下获得。一个重要的局限是这些信息与产品的生产有关，而不是与产品的消费有关。发酵、蒸发、热处理或化学反应等工艺可以在添加产品成分至产品销售前的时间内显著改变产品成分。在燃烧型产品中，这种信息的局限性还因燃烧和烟气释放发生的变化而进一步增加。

由谁进行测试?

支持产品成分、设计和释放物信息披露的测试负担应该由制造商承担。这意味着无论是由制造商还是由签约实验室进行，制造商应该资助测试。在第 2 章中描述了由 COP 向世界卫生组织《烟草控制框架公约》[27] 提出的关于负责测试的实验室要求的进一步建议。关于测试的管制应授权卫生部门指定适合提交数据的形式和方式（见下文），并应提供足够的灵活性，以随着科学研究的进步改变测试和披露要求的范围。

除了上述强制性公开测试之外，卫生部门可以使用自己的实验室或独立的（签约的）和正式认可的实验室进行额外的测试。当卫生部门选择收集不属于法规对行业规定的测试要求的信息时，可以采用此途径来核实行业提供的数据（见下文）。

测试的频率和范围

各国应规定以固定间隔，例如每年，报告在一个国家内销售的所有产品的检测结果，包括那些在本土制造、进口和出口的产品。这将为卫生部门提供可用于有效支持该国烟草控制和管制的信息；例如，识别成分、设计或释放物方面的显著变化或有害物质或产品添加剂水平引起关注的产品。

符合性或验证性测试应由卫生部门自己的或独立的（签约的）和正式认可的实验室单独进行品牌的随机抽样测试，频率不需要很高。验证测试的目的是确保企业提供的数据可靠（见下文）。

测试什么？

实验室测试应该包括但不限于已被确定为影响产品有害性、吸引力或致瘾性的烟草制品成分、设计特性和释放物。鉴于烟草制品及其释放物中含有大量有害、有吸引力和使人上瘾的物质，卫生部门不妨根据市场中发现的烟草制品的类型，对将造成明显健康风险的物质列出优先顺序。例如，由于烟碱在成瘾中的主要作用，一些国家政府要求对烟草制品的烟碱含量或释放量进行测试。

WHO TobReg 提供了优先开展测试和监测物质的指导，如下所述。关于卷烟的成分和释放物，COP3 将下列化合物和有害物质[81]列为优先管制成分。

成分：

- 烟碱
- 氨
- 保润剂（甘油、丙二醇和三甘醇）。

释放物：

- 烟碱
- 一氧化碳
- 苯并 [*a*] 芘
- 醛类（甲醛、乙醛和丙烯醛）
- 挥发性有机物（1,3- 丁二烯和苯）

世界卫生组织 TobLabNet 标准操作规程（SOP）确认了上述优先管制化合物和有害物质的方法，可在世界卫生组织 /TFI 网站 [82] 查阅。

在 COP6[62] 中，确定了下表中用于烟草制品测试的 39 种有害物质的扩展清单(注意到原始报告中为38种有害成分,后来又添加了砷)。

乙醛	丙酮	丙烯醛	丙烯腈
1- 氨基萘	2- 氨基萘	3- 氨基联苯	4- 氨基联苯
氨	砷	苯	苯并 [*a*] 芘
1,3- 丁二烯	丁醛	镉	一氧化碳
邻苯二酚	对甲苯酚	邻甲酚	巴豆醛
甲醛	氰化氢	对苯二酚	异戊二烯
铅	汞	烟碱	氮氧化合物
NAB	NAT	NNK	NNN
一氧化氮	苯酚	丙醛	吡啶
喹啉	间苯二酚	甲苯	

在世界卫生组织 /TFI 网站[82]可查阅有害物质扩展清单的测试方法，进一步讨论可在世界卫生组织 TobReg[66]的第五份报告中找到。

解决实验室结果的可靠性问题

行业提交的实验室结果的准确性和精确性对卫生部门至关重要。为此，世界卫生组织《烟草控制框架公约》第 9 条和第 10 条的部分指导准则建议，烟草行业用于向卫生部门披露的实验室应按照国际标准化组织（ISO）标准 17025（测试和校准实验室权限的一般要求）的要求由一个公认的认证机构进行认证，通常是该国家的国家认证机构。为了得到认可，这些实验室必须有训练有素、有能力的工作人员，他们能够遵循敏感、有选择性和准确的程序。用于测试产品的分析方法也必须在实验室的认可范围内。例如，如果一个实验室被授权测试化合物 A，并不一定意味着它能够胜任测试化合物 B，因为这落在实验室认可的范围之外。

如果实验室认证不是可用的选择，卫生部门可考虑使用其自己的（政府）实验室或独立于烟草行业的（签约的）实验室进行确认测试来核实从企业实验室收集的数据的准确性。对于这项任务，卫生部门不妨也与被认可为 ISO 17025 标准或其同等标准的独立于烟草行业的实验室签订合同。

烟草制品的取样和贮存

检验规程应包括规定取样程序、取样数量和取样频率。例如，可以从一系列制造商、进口商或零售商收集样品，以确保所测试的产品具有代表性，并且能反映国内烟草市场的结构。此外，还应制定有关烟草制品贮存和制备的检验规则。这一点很重要，因为储存条件可能导致产品成分的变化，例如烟草特有亚硝胺[5]。

数据收集和评估的基础设施

有效的披露需要开发能够维护和评估接收到的数据的基础设施。为了便于披露，卫生部门应阐明标准报告和提交程序以促进数据收集过程，并允许在品牌和区域之间以及随着时间推移进行比较。建议收集电子数据，数据收集系统应设计成便于验证和分析。制造商应提交数据有效性的证明，如果发现数据不可靠、不完整或不准确，应追究责任。

7.2　为什么烟草制品测试很重要?

烟草制品测试和披露使卫生部门能够评估法律执行情况，建立产品资料，监测产品及产品变化，评估法规的效果或测试 / 披露要求的有效性，并指导未来的管制。因此，测试和披露为许多其他形式的产品监管提供支持。类似地，法规遵从性测试适用于所有消费品，并且烟草制品不应该被排除在该方法之外。

市场监测

行业测试和披露的结果（即关于产品的信息）可向卫生部门通报现有和新的健康风险，并支持制定或修订规章，通过：

- 识别和监测国内市场上的产品以及市场变化，如引入新产品样式或类别；

- 识别高风险产品，支持制定产品标准；
- 支持将国内数据与全球或已发布的产品数据进行比较，以确定与产品毒性、吸引力或依赖性诱因有关的异常值或关注领域。

结果还可能帮助卫生部门评估烟草行业对其产品的宣传，评估法规对公众健康的影响，以及形成关于烟草制品致瘾性和有害性的有效公共信息。

依从性监测

卫生部门不妨测试烟草制品的样品是否符合已经采用的产品标准。例如，如果一个国家已经采纳了禁止使用薄荷醇（香味物质）的标准，主管部门可以制定一个监测行业遵守该标准的方案。这将使当局能够迅速采取行动将不符合规定的产品从市场上移除。世界卫生组织《烟草控制框架公约》第9条和第10条的部分指导方针建议，用于合规性监测目的的实验室应当是政府实验室，或者不是由烟草公司直接或间接拥有或控制的独立（签约）实验室。此外，这些实验室应认可如上所述。

研究目的测试

为了研究目的，有时由卫生部门进行测试以进一步了解烟草制品的组成或产品在某些条件下的行为。这项研究也可用于向公众通报和/或教育潜在的健康问题。卫生部门可以选择使用他们自己的实验室或独立于烟草行业的（签约）实验室，以便他们能够研究特定的问题，比如一家烟草公司将滤嘴胶囊引入市场。卫生部门的研究还可以扩展到人群健康监测、和 / 或体外测试或人体实验（例如生物监测）。这些形式的测试将需要额外的知识、能力和资源。

7.3　如何向公众披露产品信息?

向公众披露关于烟草制品的性质，包括其有害成分和释放物的信息，可有助于提高人们对烟草制品的健康后果、有害性、吸引力、致瘾性以及烟草使用和暴露于烟草释放物造成的致命威胁。应当谨慎行事，因为不当或无效的披露可能造成混淆，并对公共卫生造成更严重的损害。一个例子是案例 7 所述的在卷烟包装上使用 TNCO 标签，该标签被误认为描述了产品之间的相对风险。

向公众披露不仅意味着信息的发布。相反，它意味着信息的结构应该以能够使公众理解并充分利用的形式呈现。在美国 FDA 的网页上可以找到一个很好的例子：卷烟中的化学物质——从植物到产品再到烟气 [83]。建议卫生部门与其他国家和专家协商，以确认向公众报告信息方面的潜在挑战，并沟通关于传播所报告的数据和卫生 / 风险的最佳做法。

7.4　需要什么资源来支持烟草制品测试?

要求烟草行业以测试烟草制品作为销售条件，政府可以低成本获得关于产品成分、设计特性和释放物的可靠和全面信息。同时，运行测试和披露方案可能需要建立新的基础设施，以确定要实施的具体测试和披露方式，接收报告并监督报告的质量、完整性和准确性。如果烟草行业违反规定，必须有能力要求遵守或对不遵守进行处罚。必要时可能需要采取强制措施。执行方案还可能需要卫生部门分配大量资源。

为了减轻政府的负担，可以通过成本回收机制向烟草行业收取测试和披露有关的费用。资金来源的一些选择包括：

- 指定烟草税；
- 烟草制造和/或进口许可费；
- 烟草产品注册费；
- 烟草经销商和/或零售商的许可制；
- 向烟草行业和零售商征收的不遵守规章的费用；
- 烟草年度监测费用（烟草行业和零售商）。

关于可用资源和成本回收机制的全面信息，以及关于发展和有效利用本国烟草产品测试能力的步骤的详细技术信息，可参见《烟草制品管制——实验室检测能力建设》[5]。这是一份补充本手册的独立报告，提供了实验室测试的概述，包括：

- 为什么测试很重要；
- 测试什么；
- 由谁开展测试；
- 在哪里测试；
- 如何测试；
- 何时测试；
- 如何使用产生的数据；
- 支持国家的可利用资源。

参考文献

[1] WHO Framework Convention on Tobacco Control. Geneva: World Health Organization; 2003 (http://apps.who.int/iris/handle/10665/42811, accessed 10 August 2018).

[2] Decisions, Conference of the Parties to the WHO Framework Convention on Tobacco Control, First Session. Geneva: World Health Organization; 2006 (http://www.who.int/fctc/cop/sessions/first_session_cop/en/, accessed 8 August 2018).

[3] Decisions, Conference of the Parties to the WHO Framework Convention on Tobacco Control, Second Session. Geneva: World Health Organization; 2007 (http://www.who.int/fctc/cop/sessions/second_session_cop/en/, accessed 8 August 2018).

[4] Partial Guidelines for Implementation of Articles 9 and 10 of the WHO Framework Convention on Tobacco Control. In: World Health Organization [website]; 2010 (http://www.who.int/fctc/guidelines/Guideliness_Articles_9_10_rev_240613.pdf?ua=1).

[5] Tobacco product regulation: building laboratory testing capacity. Geneva: World Health Organization; 2018 (http://apps.who.int/iris/handle/10665/260418, accessed 8 August 2018).

[6] The scientific basis of tobacco product regulation: report of a WHO study group. Geneva: World Health Organization; WHO Technical Report Series, No. 945.; 2007 (http://www.who.int/tobacco/global_

interaction/tobreg/who_tsr. pdf, accessed 9 August 2018).

[7] The economics of tobacco and tobacco control: executive summary. Bethesda (MD) and Geneva: United States Department of Health and Human Services, National Institutes of Health, National Cancer Institute and World Health Organization; 2016 (National Cancer Institute Tobacco Control Monograph 21; https://cancercontrol.cancer.gov/brp/tcrb/monographs/21/docs/m21_exec_sum.pdf, accessed 9 August 2018).

[8] Benowitz NL, Hukkanen J, Jacob P III. Nicotine chemistry, metabolism, kinetics and biomarkers. Handb Exp Pharmacol. 2009; 192:29–60. doi:10.1007/978-3-540-69248-5_2.

[9] A report of the Surgeon General: how tobacco smoke causes disease: what it means to you (consumer booklet). Atlanta (GA): United States Department of Health and Human Services, Centers for Disease Control and Prevention; 2010 (https://www.cdc.gov/tobacco/data_statistics/sgr/2010/consumer_booklet/pdfs/consumer.pdf, accessed 9 August 2018).

[10] Rodgman A, Perfetti TA. The chemical components of tobacco and tobacco smoke. Boca Raton: CRC Press, Taylor & Francis Group; 2009.

[11] Hecht SS. Research opportunities related to establishing standards for tobacco products under the Family Smoking Prevention and Tobacco Control Act. Nicotine Tob Res. 2012;14(1):18–28. doi: 10.1093/ntr/ntq216.

[12] Hoffmann D, Hoffmann I, El Bayoumy K. The less harmful ciga-

rette: a controversial issue. A tribute to Ernst L. Wynder. Chem Res Toxicol. 2001; 14: 767–90 (https://pubs.acs.org/doi/abs/10.1021/tx000260u#, accessed 9 August 2018).

[13] Some non-heterocyclic polycyclic aromatic hydrocarbons and some related exposures. Lyon: International Agency for Research on Cancer; 2010 (IARC Monographs on the Evaluation of Carcinogenic Risks to Humans, Vol. 92; https://monographs.iarc.fr/wp-content/uploads/2018/06/mono92.pdf, accessed 9 August 2018).

[14] Wigand JS. Additives, cigarette design and tobacco product regulation: a report to World Health Organization, Tobacco Free Initiative, Tobacco Product Regulation Group, Kobe, Japan, 28 June–2 July 2006 (http://www.jeffreywigand. com/WHOFinal.pdf, accessed 9 August 2018).

[15] Hoffman AC, Evans SE. Abuse potential of non-nicotine tobacco smoke components: acetaldehyde, nornicotine, cotinine, and anabasine. Nicotine Tob Res. 2013; 15:622–32. doi: 10.1093/ntr/nts192.

[16] Talhout R, Opperhuizen A, van Amsterdam J. Sugars as tobacco ingredients: effects on mainstream smoke composition. Food Chem Toxicol. 2006; 44: 1789–98 (https://www.ncbi.nlm.nih.gov/pubmed/16904804/, accessed 9 August 2018).

[17] Directive 2014/40/EU of the European Parliament and of the Council of 3 April 2014 on the approximation of the laws, regulations and administrative provisions of the Member States concerning the manufacture, presentation and sale of tobacco and related products. Official Journal of the European Union. 2014; L 127/1 (https://

ec.europa.eu/health/sites/health/files/tobacco/docs/dir_201440_en.pdf, accessed 8 August 2018).

[18] Directive 2001/37/EC of the European Parliament and of the Council of 5 June 2001 on the approximation of the laws, regulations and administrative provisions of the Member States concerning the manufacture, presentation and sale of tobacco products. Official Journal of the European Communities. 2001; L 194/26 (https://ec.europa.eu/health/sites/health/files/tobacco/docs/dir200137ec_tobaccoproducts_en.pdf, accessed 8 August 2018).

[19] Risk associated with smoking cigarettes with low machine-measured yields of tar and nicotine. Bethesda (MD): United States Department of Health and Human Services, National Institutes of Health, National Cancer Institute; 2001 (Smoking and Tobacco Control Monograph, No.13; https://cancercontrol.cancer.gov/brp/tcrb/monographs/13/m13_complete.pdf, accessed 9 August 2018).

[20] Burns DM, Dybing E, Gray N, Hecht S, Anderson C, Sanner T, et al. Mandated lowering of toxicants in cigarette smoke: a description of the World Health Organization TobReg proposal. Tob Control. 2008;17(2):132–141. doi:10.1136/tc.2007.024158.

[21] Gottlieb S, Zeller M. A nicotine-focused framework for public health. N Engl J Med. 2017; 377(12):1111–4 (https://www.nejm.org/doi/full/10.1056/NEJMp1707 409, accessed 9 August 2018).

[22] United States Food and Drug Administration. Tobacco product standard for nicotine level of combusted cigarettes: a proposed rule by the Food and Drug Administration on 03/16/2018. Federal

Register. 2018; 83 FR 11818 (https://www.federalregister.gov/documents/2018/03/16/2018-05345/tobacco-product-standard-for-nicotine-level-of-combusted-cigarettes, accessed 9 August 2018).

[23] Donny EC, Denlinger RL, Tidey JW, Koopmeiners JS, Benowitz NL, Vandrey RG et al. Randomized trial of reduced-nicotine standards for cigarettes. N Engl J Med. 2015; 373(14):1340–9. doi: 10.1056/NEJMsa1502403.

[24] Hatsukami DK, Zaatari G, Donny E. The case for the WHO Advisory Note, Global Nicotine Reduction Strategy. Tob Control. 2017; 26(e1):e29-e30.

[25] WHO Study Group on Tobacco Product Regulation. Advisory note: global nicotine reduction strategy. Geneva: World Health Organization; 2015 (http://apps.who.int/iris/handle/10665/189651, accessed 9 August 2018).

[26] Decisions, Conference of the Parties to the WHO Framework Convention on Tobacco Control, Seventh Session. Geneva: World Health Organization, 2016 FCTC/COP7(14) (http://www.who.int/fctc/cop/cop7/Documentation-Decisions/en/, accessed 9 August 2018).

[27] Further development of the partial guidelines for implementation of Articles 9 and 10 of the WHO FCTC. Report by WHO for the seventh session of the Conference of the Parties to the WHO Framework Convention on Tobacco Control. Geneva: World Health Organization; 2016 (FCTC/COP/7/9; http://www.who.int/fctc/cop/cop7/FCTC_COP_7_9_EN.pdf?ua=1&ua=1, accessed 9 August

2018).

[28] Standard operating procedure for determination of nicotine in cigarette tobacco filler. Geneva: World Health Organization; 2014 (WHO TobLabNet SOP 4; http://www.who.int/tobacco/publications/prod_regulation/789241503907/en/, accessed 9 August 2018).

[29] Panel Report, United States – measures affecting the production and sale of clove cigarettes. World Trade Organization; 2 Sept 2011. WT/DS406/R (https://ustr.gov/sites/default/files/uploads/ziptest/WTO%20Dispute/New_Folder/Pending/DS406.US.As_.PnlQs1_.pdf, accessed 9 August 2018).

[30] Appellate Body Report, United States – Measures Affecting the Production and Sale of Clove Cigarettes. World Trade Organization; 24 April 2012.WT/DS406/AB/R (https://www.wto.org/english/tratop_e/dispu_e/cases_e/ds406_e.htm, accessed 9 August 2018).

[31] Manual for developing tobacco control legislation in the Region of the Americas. Washington (DC): Pan American Health Organization; 2013 (https://www.paho.org/hq/dmdocuments/2013/ENG-Tobacco-Manual-(For-Web-14-May-2013).pdf, accessed 9 August 2018).

[32] The Cigarettes and Other Tobacco Products (Prohibition of Advertisement and Regulation of Trade and Commerce, Production, Supply and Distribution) Act (COTPA). 2003. (Act No. 34 of 2003).

[33] WHO study group on tobacco product regulation. Report on the scientific basis of tobacco product regulation: second report of a WHO study group. Geneva: World Health Organization, 2008.

WHO Technical Series Report 951 (http://www.who.int/tobacco/global_interaction/tobreg/publications/tsr_951/en/, accessed 9 August 2018).

[34] West S, King V, Carey TS, Lohr KN, McKoy N, Sutton SF et al. Systems to rate the strength of scientific evidence. Evidence Report/Technology Assessment No. 47. Rockville (MD): Agency for Healthcare Research and Quality; 2002 (AHRQ Publication No. 02-E016; https://c.ymcdn.com/sites/www.energypsych.org/resource/resmgr/imported/Systems%20To%20Rate%20The%20Strength%20of%20Scientific%20Evidence%20-%20AHRQ.pdf, accessed 9 August 2018).

[35] Guidelines for implementation of Article 5.3 of the WHO Framework Convention on Tobacco Control. Geneva: World Health Organization (http://www.who.int/fctc/guidelines/article_5_3.pdf, accessed 9 August 2018).

[36] Adapted from UK government website accessed 24 October 2017.

[37] Law No. 040-2010/Concerning Tobacco Control in Burkina Faso (as promulgated by Decree No. 2010-823).

[38] WHO report on the global tobacco epidemic, 2017: monitoring tobacco use and prevention policies. Geneva: World Health Organization; 2017 (http://apps.who.int/iris/handle/10665/255874, accessed 9 August 2017).

[39] Drope JM, editor. Tobacco control in Africa: people, politics and policies. London and Ottawa: Anthem Press and International Development Research Centre; 2011 (https://idl-bnc-idrc.dspacedi-

rect.org/bitstream/handle/10625/47373/IDL-47373.pdf, accessed 9 August 2018).

[40] Cork K. Leading from up north: how Canada is solving the menthol tobacco problem. St Paul (MN), Tobacco Control Legal Consortium; 2017 (http://www.publichealthlawcenter.org/sites/default/files/resources/tclc-Canadian-Menthol-CaseStudy-2017.pdf).

[41] Brown J, DeAtley T, Welding K, Schwartz R, Chaiton M, Kittner DL, Cohen JE. Tobacco industry response to menthol cigarette bans in Alberta and Nova Scotia, Canada. Tob Control. 2017; 26(e1): e71–e74. doi:10.1136/tobaccocontrol-2016-053099.

[42] Eurobarometer, Special Eurobarometer 458: attitudes of Europeans towards tobacco and electronic cigarettes. Brussels: European Commission; 2017 (https://data.europa.eu/euodp/en/data/dataset/S2146_87_1_458_ENG, accessed 12 August 2018).

[43] Council Directive 90/239/EEC of 17 May 1990 on the approximation of the laws, regulations and administrative provisions of the Member States concerning the maximum tar yield of cigarettes. European Economic Council. 1990. Official Journal of the European Communities. 1990; L 137/36–37 (https://eur-lex.europa.eu/legal-content/EN/TXT/PDF/?uri=CELEX:31990L0239&from=EN, accessed 9 August 2018).

[44] Council Directive 89/622/EEC of 13 November 1989 on the approximation of the laws, regulations and administrative provisions of the Member States concerning the labelling of tobacco products. European Economic Council. Official Journal of the European

Communities. 1989; L 359:1–4 (https://publications.europa.eu/en/publication-detail/-/publication/c1508ccd-3f7a-4859-9529-c4d2f-1c8d457/, accessed 9 August 2018).

[45] Council Directive 92/41/EEC of 15 May 1992 amending Directive 89/622/EEC on the approximation of the laws, regulations and administrative provisions of the Member States concerning the labelling of tobacco products. European Economic Council. Official Journal of the European Communities. 1992; L 158:30–33 (https://eur-lex.europa.eu/legal-content/EN/TXT/PDF/?uri=CELEX-:31992L0041&from=EN, accessed 9 August 2018).

[46] First report on the application of the tobacco products directive. Brussels: European Commission; 2005 (http://ec.europa.eu/health/ph_determinants/life_style/Tobacco/Documents/com_2005_339_en.pdf).

[47] Second report on the application of the tobacco productsdirective. Brussels: European Commission; 2007 (http://ec.europa.eu/health/ph_determinants/life_style/Tobacco/Documents/tobacco_products_en.pdf).

[48] Eurobarometer, Special Eurobarometer 385: attitudes of Europeans towards tobacco. Brussels, European Commission; 2012 (https://ec.europa.eu/health/sites/health/files/tobacco/docs/eurobaro_attitudes_towards_tobacco_2012_en.pdf).

[49] Commission staff working document - Impact assessment accompanying the document proposal for a Directive of the European Parliament and of the Council on the approximation of the laws,

regulations and administrative provisions of the Member States. Brussels: European Commission. 2012 (https://eur-lex.europa.eu/legal-content/EN/ALL/?uri=SWD%3A2015%3A0264%3AFIN, accessed 9 August 2018).

[50] Commission staff working document - Executive summary of the impact assessment accompanying the document proposal for a Directive of the European Parliament and of the Council on the approximation of the laws, regulations and administrative provisions. Brussels: European Commission. 2012.

[51] Article 7.14 of Directive 2014/40/EU of the European Parliament and of the Council of 3 April 2014.

[52] WTO Appellate Body, AB–2012–1, United States – Measures Affecting the Production and Sale of Clove Cigarettes (DS406). World Trade Organization.

[53] Agência Nacional de Vigilância Sanitária, ANVISA Resolution No. 14/2012, of 15 March 2012.

[54] Sinditabaco v. ANVISA Decision No. 323-B/2012. Ninth Section of Federal Court of the Federal District, 2012.

[55] Institute for Global Tobacco Control. Technical report on flavored cigarettes at the point of sale in Latin America; 2017 (https://globaltobaccocontrol.org/resources/technical-report-flavored-cigarettes-point-sale-latin-america, accessed 9 August 2018).

[56] Agência Nacional de Vigilância Sanitária. STF julga improcedente ação contra RDC da Anvisa; 2018 (http://portal.anvisa.gov.br/noticias/-/asset_publisher/FXrpx-9qY7FbU/content/stf-julga-improce-

dente-acao-contra-rdc-da-anvisa/219201, accessed 9 August 2018).

[57] World No Tobacco Day 2012: tobacco industry interference. Geneva: World Health Organization; 2012 (http://www.who.int/tobacco/wntd/2012/en/, accessed 9 August 2018).

[58] Lencucha R, de Lima Pontes C. The context and quality of evidence used by tobacco interests to oppose ANVISA's 2012 regulations in Brazil. Glob Public Health; 2017 13(9):1204-1215. doi: 10.1080/17441692.2017. 1373839.

[59] Tiessen J, Hunt P, Celia C, Fazekas M, de Vries H, Staetsky L et al. Assessing the impacts of revising the Tobacco Products Directive: study to support a DG SANCO impact assessment. Final report. RAND Europe; 2010 (https://ec.europa.eu/health/sites/health/files/tobacco/docs/tobacco_ia_rand_en.pdf, accessing 9 August 2018).

[60] O'Connor, R. Heat-not-burn tobacco products. Background paper First Meeting Global Tobacco Regulators Forum. 2017.

[61] WHO Study Group on Tobacco Product Regulation: report on the scientific basis of tobacco product regulation: sixth report of a WHO study group. Geneva: World Health Organization; 2017 (WHO Technical Report Series, No. 1001; http://apps.who.int/iris/handle/10665/260245, accessed 9 August 2018).

[62] FCTC/COP/6/14 Work in progress in relation to Articles 9 and 10 of the WHO FCTC. Geneva: World Health Organization; 2014.

[63] Guidance for industry. Demonstrating the substantial equivalence of a new tobacco product: responses to frequently asked questions (Edition 3). Silver Spring (MD): United States Food and Drug Ad-

ministration, Center for Tobacco Products; 2016 (https://www.fda.gov/downloads/TobaccoProducts/Labeling/RulesRegulationsGuidance/UCM436468.pdf, accessed 9 August 2018).

[64] U.S. Food and Drug Administration, Center for Tobacco Products. Draft Guidance for Industry: Premarket Tobacco Product Application for Electronic Nicotine Devices (ENDS). Silver Spring, MD: Center for Tobacco Products; 2016 (https://www.fda.gov/downloads/TobaccoProducts/Labeling/RulesRegulationsGuidance/UCM499352.pdf, accessed 9 August 2018).

[65] US Food and Drug Administration, Center for Tobacco Products. Draft Guidance: Modified Risk Tobacco Product Application. Silver Spring, MD: Center for Tobacco Products; 2012 (https://www.fda.gov/downloads/Tobacco-Products/GuidanceComplianceRegulatoryInformation/UCM297751.pdf, accessed 9 August 2018).

[66] WHO Study Group on Tobacco Product Regulation: report on the scientific basis of tobacco product regulation: fifth report of a WHO study group. Geneva: World Health Organization; 2015 (WHO Technical Report Series, No. 989; http://www.who.int/tobacco/publications/prod_regulation/trs989/en/, accessed 9 August 2018).

[67] E-cigarette Use Among Youth and Young Adults: A Report of the Surgeon General. Rockville, MD: USDHHS Surgeon General; 2016 (https://e-cigarettes.surgeongeneral.gov/documents/2016_SGR_Exec_Summ_508.pdf, accessed 9 August 2018).

[68] Soneji S, Barrington-Trimis JL, Wills TA, Levethal AM, Unger JB, Gibson LA et al. Association between initial use of e-cigarettes

and subsequent cigarette smoking among adolescents and young adults: a systematic review and meta-analysis. JAMA Pediatr. 2017; 171(8):788–97. doi: 10.1001/jamapediatrics.2017.1488.

[69] Beard E, Brown J, McNeill A, Michie S, West R. Has growth in electronic cigarette use by smokers been responsible for the decline in use of licensed nicotine products? Findings from repeated cross-sectional surveys. Thorax. 2015; 70(10):974-8 (https://thorax.bmj.com/content/70/10/974, accessed 9 August 2018).

[70] Levy DT, Zhe Y, Yuying Luo MS, Abrams, DB. The relationship of e-cigarette use to cigarette quit attempts and cessation: insights from a large, nationally representative U.S. survey. Nicotine Tob Res. 2017, doi: 10.1093/ntr/ntx166.

[71] Scientific Committee on Health, Environmental and Emerging Risks. Opinion on additives used in tobacco products (Opinion 2) tobacco additives II. European Commission, scientific committees; 2016 (https://ec.europa.eu/health/sites/health/files/scientific_committees/scheer/docs/scheer_o_001.pdf, accessed 9 August 2018).

[72] Kienhuis AS, Staal YCM, Soeteman-Hernandez LG, van de Nobelen S, Talhout R. A test strategy for the assessment of additive attributed toxicity of tobacco products. Food Chem Toxicol. 2016; 94:93-102.

[73] van de Nobelen S, Kienhuis AS, Talhout R. An inventory of methods for the assessment of additive increased addictiveness of tobacco products. Nicotine Tob Res. 2016; 18(7):1546–55.

[74] Talhout R, van de Nobelen S, Kienhuis AS. An inventory of methods suitable to assess additive-induced characterizing flavours of

tobacco products. Drug Alcohol Depend. 2016; 161:9–14.

[75] Levy DT, Borland R, Lindblom EN, Goniewicz ML, Meza R, Holford TR et al. Potential deaths averted in USA by replacing cigarettes with e-cigarettes. Tob Control. 2018; 27(1):18-25. doi:10.1136/tobaccocontrol-2017-053759.

[76] Stephens WE. Comparing the cancer potencies of emissions from vapourised nicotine products including e-cigarettes with those of tobacco smoke. Tob Control; 2018; 27:10–7. doi:10.1136/tobaccocontrol-2017-053808.

[77] Chen J, Bullen C, Dirks K. A comparative health risk assessment of electronic cigarettes and conventional cigarettes. Int J Environ Res Public Health. 2017; 14(4):382. doi:10.3390/ijerph14040382.

[78] Nutt DJ, Phillips LD, Balfour D, Curran HV, Dockrell M, Foulds J et al. E-cigarettes are less harmful than smoking. Lancet. 2016; 387(10024):1160–2. (https://www.thelancet.com/journals/lancet/article/PIIS0140-6736(15)00253-6/fulltext?rss%3Dyes, accessed 9 August 2018). doi: https://doi.org/10.1016/S0140-6736(15) 00253-6.

[79] Menthol capsules in cigarette filters – increasing the attractiveness of a harmful product. Heidelberg: German Cancer Research Centre; 2012 (Red Series Tobacco Prevention and Tobacco Control Volume 17; https://www.dkfz.de/de/tabakkontrolle/download/Publikationen/RoteReihe/Band_17_Menthol_Capsules_in_Cigarette_Filters_en.pdf, accessed 9 August 2018).

[80] Administrative Court Judgement of 26 September 2012, File number 5 A 206/11 (http://www.verwaltungsgerichtbraunschweig. nie-

dersachsen.de/aktuelles/pressemitteilungen/kein-verkauf-von-zigaretten-mit-aromakapsel--109195.html).

[81] FCTC/COP/3/6 Elaboration of guidelines for implementation of Articles 9 and 10 of the Framework Convention for Tobacco Control. Geneva: World Health Organization; 2008.

[82] WHO Tobacco Free Initiative. Tobacco product regulation. Geneva: World Health Organization (http://www.who.int/tobacco/publications/prod_regulation/en/, accessed 8 August 2018).

[83] Chemicals in cigarettes: from plant to product to puff. Silver Spring (MD): United States Food and Drug Administration; 2017 (https://www.youtube.com/watch?v=0-FdLCcFyQc, accessed 8 August 2018).

附录　欧盟烟草制品指令（TPD2）的规定

标识和包装

1.1　强制性图形健康警示

带有照片、文字和戒烟信息的图形健康警示目前覆盖了卷烟、手卷烟（RYO）和水烟包装正面和背面的65%。这些警示描述了吸烟对社会和健康的影响，旨在劝阻人们吸烟或鼓励他们戒烟。欧盟持有版权的警示分三组，每组14个，每年轮换一次，以确保尽可能长时间地保持其影响。

虽然新规定要求健康警示覆盖卷烟包装表面的主要部分，但仍然有一定的空间可用于品牌宣传。TPD2特别允许成员国提出关于包装标准化或素包装的进一步要求，如果这些要求是正当的且出于公共健康考虑，则相应不会导致成员国之间的歧视或隐藏的贸易壁垒。

其他烟草制品的标识

欧盟指令涵盖欧盟市场上的所有烟草制品，当涉及目前未被大多数人经常使用的烟草制品（如烟斗和雪茄）的标识规定时，成员国有更多的自由裁量权。虽然成员国可以选择对这些产品免除严格的标识规定，例如与健康警示相结合，但他们必须确保这些产品带有一般警示和至少 30% 的附加文本警示。

无烟烟草制品必须在包装的两个最大表面上显示特定的健康警示（“这种烟草制品损害你的健康并且令人上瘾”），且每个表面至少覆盖 30%。

与 TPD1 一样，所有警示的位置和大小都适用特定的规定。

一般健康警示和用信息替换的 TNCO 标识

卷烟和手卷烟上的焦油、烟碱和一氧化碳（TNCO）标识是 TPD1 规定的强制性标识，现将其替换为告知消费者“烟草烟气含有 70 多种已知致癌物质”的信息，这与世界卫生组织《烟草控制框架公约》第 11 条及其执行准则相一致。研究表明，TNCO 标识误导消费者相信一些产品比其他产品的健康风险更低。新的信息更准确地反映了吸烟对健康的真正影响，并对一般健康警示“吸烟致人死亡”/“吸烟致人死亡——立刻戒烟”进行了补充。然而，TNCO 释放的上限（分别根据 ISO 4387、ISO 10315 和 ISO 8454 对焦油、烟碱和一氧化碳进行测定）一直保持不变，以确保欧盟市场许可产品的一致性。此外，该指令预见性地提出调整 TNCO 释放量测定方法的可能性及其限制，并允许根据科技发展或国际商定的标准为其他物质以及其他烟草制品设定最大释放水平。信息和一般健康警示标识各自覆盖印刷表面的 50%，该表面取决于所用包装的类型。

禁止使用宣传性或误导性的包装

TPD 包括降低产品吸引力和增加健康信息显著性的规定。卷烟包装外形必须为长方体，以确保综合健康警示可见。某些包装类型吸引年轻人，例如包装不到 20 支卷烟和口红风格的细包装不再允许使用。此外，禁止宣传性或误导性的特征或元素，禁止提及生活品质、口味或风味。特别是某产品比另一种产品危害更小，或者具有更好的生物降解性或其他环境优势的语言是不允许的。

1.2 成分报告与监管

禁止含有特征风味的卷烟和手卷烟

卷烟和手卷烟可能将不再有掩盖烟草味道和气味的特征风味，如薄荷醇、香草或糖果。TPD2 旨在根据其他法域获得的经验避免不同类型的风味卷烟之间的不合理的差别对待（参见第 2 章）。然而，人们一致认为，具有较高销售量（超过 3% 的欧盟市场份额）的特征性风味的产品应当在一定期限内（直到 2020 年 5 月 19 日）逐步淘汰，以便消费者有足够的时间转向其他产品。

为了协助欧盟委员会和成员国进行决策，已经建立了确定烟草制品是否具有特征风味的程序，以及由化学和感官评估员技术小组支持的独立咨询小组。如果其他烟草制品的销售量和使用量在年轻人中有很大变化，则可以撤回这些规定对该产品的豁免。

禁止特定性质的添加剂或产品

禁止具有某些积极特性（例如健康益处、降低风险、能量、活力）、着色特性或促进吸入或吸收烟碱的相关添加剂。同样，含有增加烟草制品有害性或致瘾性的添加剂的产品也被禁止。

禁止在烟草制品的特定成分中添加香料

烟草制品不得在其任何部分含有香料，如滤嘴、卷烟纸、包装、胶囊或任何可以改变烟草制品气味、味道或其烟气强度的技术特征。

滤嘴、卷烟纸和胶囊不应含有烟草或烟碱。本规定旨在禁止采用可能增加尝试和消费的创新型或有吸引力的设计特征。

关于成分、释放物和销售数据的强制性电子报告

为了收集关于烟草制品成分及其对健康和成瘾的影响的更多信息，要求烟草制品制造商和进口商通过标准化的电子格式，即 EU-CEG，报告其在欧盟市场上销售的所有产品的成分以及特定释放物信息，还应提交相关的毒理学数据。此外，要求制造商和进口商报告市场调查和销售数据。

优先使用添加剂

某些经常使用的物质（优先使用添加剂），如果初步迹象表明它们对有害性、致瘾性有贡献和 / 或导致卷烟和手卷烟的风味特征，则需要更详细的报告。作为 TPD2 实施的一部分，已经制定了此类添加剂的第一份清单。

1.3　电子烟 /ENDS

安全和质量要求

TPD2 首次推出了电子烟的监管框架，包括对电子烟和含有烟碱的再填充容器的特定安全和质量要求。指令为烟弹、储液罐和含烟碱烟液填充容器设置最高烟碱浓度和最大体积。电子烟应具有儿童防护性和防篡改性，并具有确保填充液不溢出的机制以保护消费者。电子烟的成分必须具有高纯度，电子烟在正常使用条件下应以稳定的水平提供烟碱。

包装和标识规定

电子烟和填充容器的强制健康警示提醒消费者电子烟含有烟碱，非吸烟者不应使用。包装还必须包括产品所含所有成分的清单和产品烟碱含量的信息，并列出使用说明，以及关于副作用、风险人群以及致瘾性和有害性的信息。此外，电子烟和填充容器包装不允许有促销内容，并且禁止跨境广告和宣传。

通知与监控

由于电子烟仍然是一个相对较新的产品，数据才刚刚开始出现，指令规定了制造商和进口商、成员国以及欧盟委员会的通告和监测要求（第 5 章）。电子烟制造商必须向成员国提交关于它们打算投放市场的所有产品的事先通知（提前 6 个月），包括关于成分、释放物和毒理学数据的信息。他们必须每年报告销售量、消费者偏好和趋势。成员国政府将监测市场，寻找电子烟导致烟碱成瘾或烟草消费的任何证据，特别是在年轻人和非吸烟者中。

1.4 跨境销售

该指令允许成员国禁止跨境远程销售，因其会让消费者（包括非常年轻的消费者）接触到不符合该指令的产品。如果成员国禁止跨境远程销售，相关零售店就不能向该国的消费者供应他们的产品。如果成员国不禁止跨境销售，则零售店必须在第一次销售之前向主管部门登记，并必须向其所在国（如果在欧盟内）以及计划销售其产品的国家通告其活动。

成员国还应确保建立年龄核查制度，以确保烟草制品不卖给儿童和青少年。

1.5　新型烟草制品

TPD2 包含关于新型烟草制品的规定，即不属于既定烟草制品类别并在 2014 年 5 月 19 日之后投入市场的烟草制品。新型烟草制品的制造商或进口商必须在其打算将产品投放国内市场时，事先向成员国提交通知（提前 6 个月）。通知书应附有产品及其使用的详细说明，有关成分和释放物的信息以及科学数据，关于有害性、致瘾性和吸引力、消费者偏好、风险效益和对戒烟预期影响的研究和报告。成员国可能需要进一步的数据，并可能引入对这些产品进行许可的系统。

与其他烟草制品一样，新型烟草制品必须遵守 TPD2 的有关规定。这些规定中的哪一项适用取决于这些产品是否属于无烟烟草制品或用于抽吸的烟草制品的定义。无论哪种情况，新型烟草制品都禁止包括健康声明在内的促销要素。

1.6　口含烟

TPD2 禁止口含烟（snus）。自 1992 年以来，欧盟已经禁止口含烟。甚至在那之前，考虑到其对年轻人的巨大增长潜力和吸引力，一些成员国已经禁止了这类产品。瑞典根据《加入条约》享有豁免权，条件是确保该产品不在瑞典境外销售。

1.7　草本卷烟

从植物、草药或水果中提取但不含烟草的草本卷烟需要就其组成承担报告义务。还需要在包装的正面和背面显示特定的健康警示标识。

1.8 打击非法贸易的措施

打击烟草制品非法贸易的新措施包括欧盟范围的烟草可追溯性和安全特征系统。这两个系统有助于执法机构、政府和消费者更有效地检测非法产品。预计这些措施将限制廉价的、不符合 TPD2 标准的烟草制品对年轻人等弱势消费群体的可及性。这会根据初吸率和戒烟率进一步降低吸烟流行率。此外，该系统应有助于将目前对非法烟草的部分需求转移到合法销售渠道，从而协助成员国恢复收入损失。

这些措施将于 2019 年应用于卷烟和手卷烟，于 2024 年应用于除卷烟和手卷烟以外的烟草制品。欧盟委员会于 2017 年 12 月 15 日通过了第二项立法，规定了这些系统充分运行所必需的技术标准。

1.9 其他考虑

成员国有权保留或提出关于烟草制品包装标准化的进一步要求。此外，他们可根据该成员国的具体情况禁止某些类别的烟草及相关产品。任何此类规定也需要以保护公共卫生为理由，且必须是正当的，不应导致成员国之间的歧视或贸易限制。而且，成员国必须通知欧盟委员会并为这些措施提供理由。

Preface

Although tobacco use is a major public health problem, tobacco products are one of the few openly available consumer products that are virtually unregulated in many countries for contents and emissions. In recent years, health authorities have become increasingly interested in the potential of tobacco product regulation to reduce the morbidity and mortality associated with tobacco use. However, barriers to implementing appropriate regulation include limited understanding of common approaches or best practices, and a lack of adequate resources and/or technical capacity.

The importance of tobacco products regulation is reflected in World Health Organization Framework Convention on Tobacco Control (WHO FCTC) *(1)*. Article 9 of the WHO FCTC defines obligations for Parties with respect to the regulation of the contents and emissions of tobacco products, while Article 10 deals with the regulation of disclosure of information on the contents and emissions of tobacco products.

Disclosure of product information takes two forms:

- the disclosure of information by manufacturers to health authorities; and
- the disclosure of information from health authorities to the public.

In 2006, the first session of the Conference of the Parties (COP1) to the

WHO FCTC established a working group to elaborate guidelines and recommendations for the implementation of Article 9 *(2)*. The second session extended the mandate of the working group to consider guidelines for Article 10 and encouraged WHO's Tobacco Free Initiative (TFI) to continue its work on tobacco product regulation *(3)*.

Partial Guidelines on the implementation of Articles 9 and 10 *(4)* were adopted at the fourth session of the COP in 2010, and further additions were adopted at COP5 and COP7. The working group was requested to continue to elaborate guidelines in a step-by-step process, and to submit further draft guidelines to future sessions of the COP for consideration.

The Partial Guidelines currently contain recommendations for regulations to reduce the attractiveness of tobacco products. They also contain guidance with respect to the testing and measuring of the contents of tobacco products. Recommendations to reduce the addictiveness and toxicity of tobacco products may be adopted at a later stage. It is important to note that, contrary to claims by the tobacco industry, these guidelines are in effect. The regulatory measures in the Partial Guidelines are to be treated as minimum standards and do not prevent Parties from adopting more extensive measures, in line with WHO FCTC Article 2 *(1)* which provides that "Parties are encouraged to implement measures beyond those required by this Convention and its protocols, and nothing in these instruments shall prevent a Party from imposing stricter requirements that are consistent with their provisions and are in accordance with international law".

WHO has continually provided support to its Member States in regulating tobacco products and in developing laboratory capacity through a series of advisory notes and other resources on issues such as menthol and nicotine.

In addition to this handbook, WHO published a guide on building laboratory testing capacity in 2018 *(5)* to guide countries interested in developing or accessing tobacco product testing capacity to support their regulatory authority.

Acknowledgements

This handbook was edited and developed by Dr Geoffrey Wayne (Portland, Oregon, United States of America (USA)), using first drafts of chapters prepared by WHO staff, the Tobacco Control Directorate, Health Canada, Dr Reinskje Talhout (Centre for Health Protection, National Institute for Public Health and the Environment, Bilthoven, Netherlands), and Dr Katja Bromen and Dr Matus Ferech (Tobacco Control Team, Directorate-General for Health and Food Safety, European Commission, Brussels, Belgium, for input on EU tobacco product regulation and general review). Individual contributors do not necessarily endorse all the statements made throughout the handbook.

Thanks are also due to the following, who reviewed the manuscript and provided comments: Dr Nuan Ping Cheah (Director, Pharmaceutical, Cosmetics and Cigarette Testing Laboratory, Health Sciences Authority, Singapore and Chair, WHO Tobacco Laboratory Network); Dr Armando Peruga (Researcher, Center for Epidemiology and Health Policies, School of Medicine, University del Desarrollo, Las Condes, Chile); Dr Ghazi Zaatari (Professor and Chair, Department of Pathology and Laboratory Medicine, American University of Beirut, Beirut, Lebanon and Chair, WHO Study Group on Tobacco Product Regulation); and the WHO FCTC Secretariat. WHO staff from WHO regional offices and the WHO Department of Prevention of Noncommunicable Diseases also reviewed the piece.

Funding for this publication was made possible, in part, by the U.S. Food and Drug Administration through grant RFA-FD-13-032.

Acronyms used in this publication

CNS	central nervous system
COP	Conference of the Parties to the World Health Organization Framework Convention on Tobacco Control
COTPA	Cigarettes and Other Tobacco Products (Prohibition of Advertisement and Regulation of Trade and Commerce, Production, Supply and Distribution) Act
ENDS	electronic nicotine delivery systems
ENNDS	electronic non-nicotine delivery systems
EU	European Union
EU CEG	EU Common Entry Gate
GCRC	German Cancer Research Centre
GTRF	Global Tobacco Regulators Forum
HTP	heated tobacco product
LIC	low-income country
MRTP	modified risk tobacco product
RIP	reduced ignition propensity
TBT Agreement	Agreement on Technical Barriers to Trade
TNCO	tar, nicotine and carbon monoxide
TPD1	European Union's former Tobacco Products Directive (2001/37/EC)
TPD2	European Union's current Tobacco Products Directive (2014/40/EU)
TRP	tobacco and related products
U.S. FDA	United States Food and Drug Administration
WHO	World Health Organization
WHO CC	WHO Collaborating Centre
WHO FCTC	WHO Framework Convention on Tobacco Control
WHO TobLabNet	WHO Tobacco Laboratory Network
WHO TobReg	WHO Study Group on Tobacco Product Regulation
WTO	World Trade Organization

Chapter 1. The Basics of Tobacco Product Regulation

Parties to WHO Framework Convention on Tobacco Control (WHO FCTC) and other Member States have requested WHO to provide authoritative guidance on tobacco product regulation, especially in line with the requirements of Articles 9 and 10. This handbook examines the building blocks of tobacco product regulation and identifies approaches, challenges, and broad guidance for regulation. It provides a basic reference document for non-scientist regulators in any country and serves as a tool for health authorities and other interested parties seeking resources and planning on how to monitor, evaluate, and regulate tobacco products. However, this handbook is not designed to replace or completely summarize more technical monographs on tobacco product regulation.

The current chapter provides an overview of what is meant by tobacco product regulation, examples of different regulatory approaches, and the rationale for adoption of these approaches. Subsequent chapters focus on guidance and recommendations (Chapter 2), needs and resource assessment (Chapter 3), steps necessary to develop and implement tobacco product regulation (Chapters 4 and 5), and specific issues, including the regulation of novel tobacco products (Chapter 6) and testing and disclosure of tobacco product contents, emissions and design features (Chapter 7).

1.1 What is tobacco product regulation?

Tobacco product regulation refers to the regulation of any aspect of the contents, design or emissions of tobacco products (see sidebar), as well as any related regulatory or public disclosure of information.

Many tobacco control measures regulate where and how tobacco products may be sold, marketed, or used. These include licensing requirements for retailers, restrictions on sales displays or advertising, taxation of products, restrictions on smoking in public places, and adoption of health warnings or other packaging restrictions. The term tobacco product regulation is broad and for many jurisdictions it encompasses the presentation, labelling and packaging of the tobacco product. However, for the purposes of this handbook, the discussion on tobacco product regulation will be restricted to tobacco control interventions on the physical design and chemical content or emission of the products, and on identifying and regulating aspects of tobacco product design that play a role in maintaining or increasing product use and harm. For purposes of this handbook, the concept of tobacco product regulation also encompasses regulation of tobacco and related products (TRPs). Some of these products, such as electronic nicotine delivery systems (ENDS), do not contain tobacco and most governments do not consider them tobacco products.

Definitions from the Partial Guidelines on Implementation of Articles 9 & 10 of the WHO FCTC.

Contents means constituents with respect to processed tobacco, and ingredients with respect to tobacco products. Ingredients include tobacco, components (e.g. paper, filter), including materials used to manufacture those components, additives, processing aids, residual substances found in tobacco (following storage and processing), and substances that migrate from the packaging material into the product (contaminants are not part of the ingredients).

Design feature means a characteristic of the design of a tobacco product that has an immediate causal link with the testing and measuring of its contents and emissions. For example, ventilation holes around cigarette filters decrease machine-measured yields of nicotine by diluting mainstream smoke.

Emissions are substances that are released when the tobacco product is used as intended. In the case of cigarettes and other combustible products, emissions are the substances found in the smoke. In the case of smokeless tobacco products for oral use, emissions are the substances released during the process of chewing or sucking, and in the case of nasal use, the substances released by particles during the process of snuffing.

Product regulation can include restrictions on which products are legally permitted for sale. For instance, health authorities may choose to restrict the sale of products containing a specific chemical ingredient, such as menthol, or to regulate physical design features, as in the case of cigarettes with a reduced diameter, marketed as slim or super-slim. Health authorities may set upper limits on toxicant emissions, or require that products meet specific criteria, such as fire safety standards. Product regulations may also establish health or other evaluation criteria for new products to be introduced to a market. Requirements that establish measurable pass/fail criteria may be called performance standards, while those that specify design or manufacturing criteria are called technical standards. Alternately, product regulation can require that all tobacco products in the market are identified to health authorities, or that basic product information, such as nicotine content is measured and reported.

Different aspects of tobacco product regulation support each other but are also separable: it is possible to require disclosure of the contents, design features, and emissions of tobacco products without setting performance standards, and the reverse is true. However, in general, requests for product information disclosure should be made with the purpose of using gathered information to learn about and understand tobacco products and the market, with the purpose of informing future regulation.

It may be appropriate or desirable, based on a country's needs and resources, for health authorities to choose one or more delineated approaches while excluding others. This choice will differ depending on the national regulatory climate and available resources (see Chapter 3).

Decisions and reports of the WHO FCTC Conference of the Parties have addressed many aspects of tobacco product regulation, such as:

- FCTC/COP7(14) Further development of the partial guidelines for implementation of Articles 9 and 10 of the WHO FCTC;
- FCTC/COP7(9) Electronic nicotine delivery systems and electronic non- nicotine delivery systems;
- FCTC/COP6(12) Further development of the partial guidelines for implementation of Articles 9 and 10 of the WHO FCTC;
- FCTC/COP6(9) Electronic nicotine delivery systems and electronic non- nicotine delivery systems;
- FCTC/COP5(13)Electronic nicotine delivery systems, including electronic cigarettes: Report by the Convention Secretariat; and
- FCTC/COP5(9) Further development of the partial guidelines for implementation of Articles 9 and 10 of the WHO Framework

Convention on Tobacco Control: Report of the working group.

1.2 What product factors are determinants of tobacco use and harm?

The devastating public health impact of tobacco products is due to a combination of three main factors: attractiveness, which results from product characteristics that encourage the use of tobacco products by a large proportion of the global population; addictiveness, which results mainly from the active drug nicotine contained in tobacco products, that makes users unable to limit consumption or quit tobacco use; and toxicity, which results from users exposure to toxic compounds that are contained in or generated by tobacco products, even when used as intended *(6)*. Fig. 1 provides an illustration of the interplay between these three factors.

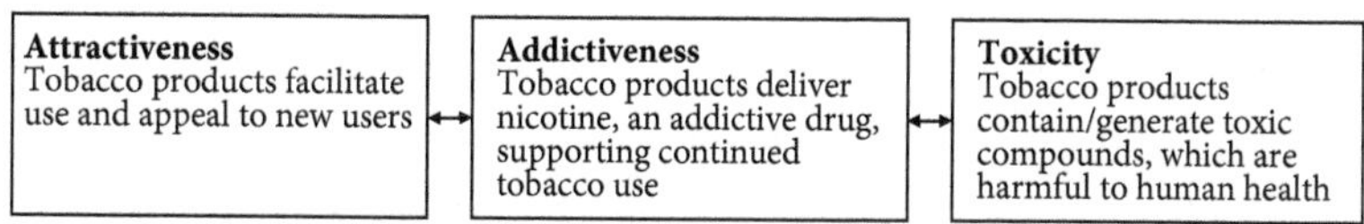

Fig. 1. Factors supporting the negative health consequences of tobacco products

There are many different forms of tobacco products. Manufactured cigarettes, the predominant form of tobacco used worldwide, account for more than 90% of global tobacco sales *(7)*. Other forms of tobacco products include *bidis*, *kreteks*, cigars, smokeless tobacco, roll your own tobacco, pipe tobacco, waterpipe tobacco, heated tobacco products (HTPs) and other novel tobacco products. Forms of tobacco products can differ significantly with respect to their attractiveness, addictiveness and toxicity. These differences may lead to greater or lesser risk profiles among these products, which could have implications for human health.

For example, tobacco products with fewer toxicants may lead to lower rates of disease and death among individual users, as established by clinical and other research; products that do not deliver nicotine effectively or which are harsh or difficult to use may have a more limited population impact due to reduced use. Nonetheless, all forms of tobacco products are toxic, all encourage and support use and addiction, and all have the potential to cause harm. Reduced exposure to toxicants may or may not translate to better health outcomes.

Attractiveness

The content and emissions of a given tobacco product are determined by design choices of the manufacturer, beginning with the tobacco(s) type and processing methods. Additives are non-tobacco substances used in processing, as well as to support other aspects of product design, such as flavouring or colouring. Other product components can include filters, paper, adhesives, inks, capsules and batteries, or power sources.

In general, all tobacco products are engineered to make them attractive. This is accomplished in part by making products that are easy and pleasurable to use (e.g. by the addition of flavours); by supporting perceptions of reduced risk (such as by the introduction of ventilation or use of white filter tipping to counter health concerns); by reinforcing aspirational characteristics related to product use (e.g. elegance or masculinity); and by minimizing or masking negative product characteristics.

Each of the physical aspects of tobacco product design play a role in how products are perceived and used, including the look, feel, smell, taste and other sensory characteristics of the product and emissions. Further, the tobacco industry is continuously seeking to make tobacco products more attractive by modifying existing product design features or introducing new ones. An example is the introduction of cigarettes with an ever-smaller circumference (slim, super-slim, ultra-slim) to connote femininity and reinforce perceptions of reduced smoke delivery and weight loss. Another innovation is the placement of capsules in cigarette filters that release flavours such as menthol when actively crushed. These and other product innovations are effective in:

- creating or increasing the "curiosity to try" factor;
- encouraging experimentation through product novelty, e.g., sizes, shapes, colours, flavours;
- making the product more palatable to experimenting new users through sensory attributes; and
- providing a variety of products that are attractive to different users and populations with unique characteristics, e.g. as defined by age, gender, ethnic or cultural background, socioeconomic status and health concerns.

Addictiveness

Nicotine is a compound occurring naturally in tobacco; it is a central nervous system (CNS) stimulant and is the primary addictive component in tobacco products *(8)*. On its own, nicotine is extremely harsh and irritating. Tobacco products are designed by manufacturers to support greater and/or more effective nicotine exposure, by reducing the natural physical or sensory barriers associated with nicotine, while also increasing the rate and speed by which nicotine is delivered and absorbed. Manufacturers accomplish this in a variety of ways:

- reducing or masking the harshness and irritation of nicotine and tobacco;
- increasing the nicotine content or delivery of the product;
- facilitating the bioavailability of nicotine (i.e. absorption into the bloodstream) through manipulation of product chemistry;
- introducing non-nicotine compounds that have their own CNS effects or which interact with or increase the effects of nicotine;
- providing a range of products and nicotine delivery levels allowing new or novice users access to lower nicotine/milder products, and graduating users to higher nicotine products; and
- ensuring flexibility of nicotine dosing (allowing users to adjust nicotine to optimum level).

toxicity

The toxicity of tobacco products reflects their underlying chemistry. More than 2500 chemical compounds are found naturally in tobacco, and there are over 7000 chemicals present in tobacco smoke *(9, 10)*. Of these, more than 150 are toxic, including over 70 that are identified carcinogens (chemicals that cause cancer or lead to the development of cancer) *(11, 12, 13)*. The hundreds of additives used in tobacco products can further contribute to toxicity or alter the chemistry of the tobacco product *(14)*. In cigarettes and other combusted products, design characteristics such as size, length, paper, filter and ventilation affect the composition of generated smoke compounds. Power capacity is a significant factor in the emissions of HTPs and other novel TRPs.

Manufacturers have made publicized efforts to reduce the level of some toxicants generated by commercial tobacco products through changes in tobacco product content, design, or emissions. In most cases these efforts have failed to demonstrate reduced population harm. For example, so-called low-tar cigarettes were developed and marketed as having reduced toxicity, as reflected in lower levels of machine-measured tar, nicotine, and carbon monoxide (TNCO) in smoke. The reduced smoke deliveries were produced in part through the addition of ventilation holes in the filters, which enabled smokers to inhale greater quantities of smoke from the cigarettes, offsetting the machine reductions in delivery. Further, these product design changes resulted in a perception of decreased product toxicity among smokers, making the products more appealing to those concerned about health risks.

Today, newer HTPs are being marketed as reduced risk products, with industry-funded studies claiming a significant reduction in the formation of harmful and potentially harmful constituents, relative to the standard reference cigarette used in laboratory-based measures (not in humans) for some products. These products are promoted as "pleasant and safer" alternatives to conventional cigarettes, with "cleaner" or "smokeless" emissions due to the claimed absence of combustion (burning), which is responsible for the generation of hundreds of toxic compounds associated with conventional cigarettes. Irrespective of manufacturer claims, considerable scientific evidence is necessary to support claims of reduced risk to individuals exposed to toxicants resulting from these products. Increased appeal of these or other so-called reduced risk products could also offset reductions in measured toxicants or emissions.

1.3 How can tobacco product regulation improve public health?

The above model of product use and harm indicates multiple routes by which tobacco product regulation can contribute to addressing the health impact of tobacco product use.

Policies could target:

- attractiveness by banning the use of candy or other flavours that appeal to youth, eliminating design features (e.g. ventilation) that support ease of use or reduced perceptions of risk (e.g. ban on use of spices and herbs such as cinnamon, ginger and mint used to improve the palatability of tobacco products);
- addictiveness by limiting nicotine content of tobacco, regulating aspects of product chemistry such as tobacco pH or factors relating to nicotine absorption, regulating the use of non-nicotine compounds that enhance the effects of nicotine or support nicotine dependence, and/or eliminating nicotine within the most toxic categories of tobacco products (e.g. combusted products); and
- toxicity by seeking to reduce or eliminate known tobacco toxicants (e.g. tobacco-specific nitrosamines generated during tobacco fermentation), placing limits on the use of toxic additives, reducing emissions, and/or barring the introduction of new products that pose unknown health risks.

None of the above policies should be understood to support manufacturer claims of reduced risk.

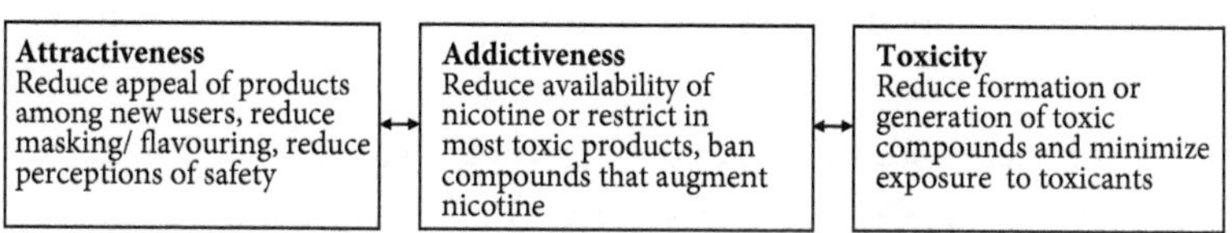

Fig. 2. Use of product regulation to address the health consequences of tobacco products

Effective regulation of tobacco product contents, design and emissions can significantly reduce tobacco demand and use, and the resulting burden of disease. If products are made less appealing and more difficult to use, fewer people will begin or continue using tobacco products. If tobacco products are made less addictive, or minimally addictive (as proposed in the United States, described below), the amount and frequency of use can be expected to decrease. If overall exposure to tobacco product toxicants is reliably lowered, population harm may be reduced even if large numbers continue to use these products.

Tobacco product regulation works in conjunction with other tobacco control policies. For example, setting and raising taxes, smoke-free environments, textual and pictorial health warnings on tobacco product packaging, and bans on advertising, promotion and sponsorship of tobacco products all serve to reduce tobacco use.

Tobacco product regulation can also be used to counter tobacco industry strategies that (knowingly or unknowingly) increase the attractiveness, addictiveness and/ or toxicity of products. Disclosure can help a health authority to gain a better understanding of tobacco products on the market, which will facilitate appropriate action to effectively regulate those products (i.e. using the information submitted by manufacturers to inform future regulation). In doing so, health authorities should be careful that public disclosures or other regulatory interventions do not create the unintended impression of safer products. For example, prohibiting additives may create an impression that products carry reduced risks as a result.

There is a strong interplay in how aspects of product design affect tobacco product attractiveness, addictiveness and toxicity. For example, sugars increase the perceived mildness of tobacco products and support ease of use and appeal of tobacco products. At the same time, the combustion of sugars contributes to the formation of acetaldehyde in burnt products, which has been demonstrated to support addiction in animal studies *(15)*. Pyrolysis and combustion of sugars can also generate acrolein, a known respiratory and cardiovascular toxicant *(16)*. Thus, the regulation of sugars would have implications across multiple aspects of tobacco product use and harm.

1.4 What are existing and emerging approaches to regulating TRP?

Relatively few countries currently regulate what is in tobacco products or how they are made, despite considerable progress in other areas of tobacco control. Many health authorities are hesitant to begin or expand work in tobacco product regulation. This is due in part to perceptions that product regulation is highly technical in nature, that it is only appropriate for countries with advanced tobacco control policies, that it requires substantial resources and capacity that lower-income countries cannot easily support, and that manufacturers can and will use their superior knowledge of products and tobacco science to circumvent regulations. Another factor limiting adoption of product regulation is inadequate understanding of how tobacco product regulation can support other tobacco control efforts, i.e. by shifting the paradigm of how tobacco products are viewed, identifying new and unanticipated health threats, and reducing demand.

Approaches to tobacco product regulation and the scientific basis for each approach are briefly outlined below. More detailed case studies of specific approaches to to-bacco product regulation, as enacted globally, are presented in subsequent chapters.

Testing and disclosure to health authorities

Testing and disclosure measures for the contents, emissions and/or design features of tobacco products enable health authorities to evaluate compliance, monitor products and product changes, and assess the intended and unintended consequences of regulation. Because of this, testing and disclosure provide a common basis for other product regulation including performance and technical standards. Since it is recommended that the burdens of tobacco product testing and disclosure fall primarily on manufacturers rather than health authorities, testing and disclosure is an appropriate initial step in tobacco product regulation even in the case of low-income or low-resource countries (LIC) (see Chapter 3). Strategies to ensure compliance and to maintain and analyse collected data must also be considered. A more detailed discussion of the role and implementation of product testing and disclosure is provided in Chapter 7.

Product standards for toxicants or emissions

Many countries have established regulations to limit machine-measured cigarette smoke emissions, primarily for TNCO. For example, the Tobacco

Products Directive (TPD2) *(17)*, which governs the regulation of tobacco products in the European Union (EU) (see Chapter 5), is consistent with its preceding legislation (TPD1) *(18)*, which specifies maximum TNCO levels for cigarettes in order to limit the scope of products allowable in the market. The scientific consensus, however, is that policies regulating machine-measured smoke emissions have not lowered the risks for diseases caused by smoking *(19, 20)*. Further, labelling measures requiring the display of TNCO yields may have done more harm than good, by leading smokers into believing that switching to lower-emission products is an alternative to cessation.

The WHO Study Group on Tobacco Product Regulation (WHO TobReg) has proposed the use of performance standards to mandate a reduction in toxicant yields by identifying the mean emissions or other achievable measure and disallowing brands with higher levels from the market *(20)*. Using this approach to establish limits for selected, modifiable toxicants in cigarette smoke emissions may be a first step for progressively lowering overall toxicant emissions. However, no countries have yet implemented such an approach.

Regulation of flavours/flavoured products

Flavoured products are found in all regions of the world and across most forms of tobacco product. Flavours can include recognizable food compounds such as vanilla or cocoa, chemical compounds with taste or odour sensations, and sweeteners such as sugars. Flavoured products are used more frequently by younger populations and encourage experimentation and facilitate use among novice users. Product flavours can serve to mask the harshness of tobacco and/or nicotine, and can increase the reinforcing or addictive action of nicotine by providing a pleasurable sensory cue that becomes associated with the drug effect. Several countries have adopted regulations restricting or banning non-tobacco flavours in tobacco products (see Chapter 4).

Regulation of nicotine

In July 2017, the United States Food and Drug Administration (US FDA) announced nicotine reduction as part of a comprehensive multi-year roadmap toward addressing the negative health consequences of tobacco use *(21)*. A proposed rule for setting limits on nicotine in cigarettes was made public in March 2018 *(22)*. Nicotine reduction could support public health objectives by eliminating the primary incentive (nicotine) to use the most harmful (combusted) tobacco products while maintaining availability of nicotine in less harmful forms for those who remain addicted. Many significant hurdles remain before this approach can be realized, such as better understanding of the health effects of ENDS and novel TRPs, and consideration of how to regulate health claims and communication of risk in the context of nicotine reduction. Moreover, many questions regarding the feasibility and practical implementation of this approach remain *(21)*. However, there is clear evidence that reducing the nicotine content of cigarettes to a very low level can reduce dependence in smokers *(23, 24)*. This approach is consistent with the recommendations of WHO TobReg *(25)*. While it is likely that a nicotine reduction approach could be applied to other tobacco products, this would require further study and documentation and will need to be carried out within the context of a comprehensive tobacco control programme.

Regulation of other product features

Flavour capsules have been demonstrated to support experimentation and use among young or novice smokers. Regulations to limit or ban the use of flavour capsules in tobacco products has been successfully pursued by jurisdictions including Germany and Belgium; and a ban of flavourings in tobacco product components such as filters, papers, packages, capsules, or any technical features allowing modification of the smell, taste or smoke intensity of the product, is now in place in the entire EU (see Chapter 5). Other product features that could be targeted include cigarette or TRP dimensions (slim, super-slim), filter and paper colour or appearance, and cigarette ventilation.

Reduced ignition propensity standards for cigarettes

Lit cigarettes that are laid down and left unattended smoulder and can ignite upholstery, furniture, bedding, textiles, or other materials. This has been observed most often in cases of smoking in bed or smoking while under the influence of alcohol, illicit drugs or medication. Every year a considerable number of people around the world are injured or die (e.g. from burns or smoke gas poisoning) as a result of fires caused by cigarettes. In order to reduce the risk of starting fires and to prevent a significant number of resulting injuries and deaths, cigarettes can be designed in such a way that the cigarette self-extinguishes when not puffed or when left unattended. These cigarettes are known as reduced ignition propensity cigarettes (RIP) cigarettes.

COP6 *(14)* and Section 3.3.2.1 (iii) of the Partial Guidelines for implementation of Articles 9 and 10 of the WHO FCTC both recommend that Parties should require that cigarettes comply with an RIP standard, taking into account their national circumstances and priorities, and that in so doing Parties should consider setting a performance standard that corresponds at a minimum to the current international practice, regarding the percentage of cigarettes that may not burn their full length when tested. Parties should prohibit any claims by the industry suggesting that RIP cigarettes would be unable to ignite fires. Development of these recommendations took into account an extensive survey of regulations relating to RIP cigarettes, in high-income, middle-income, and low-income countries.

Educating the public

Disclosure of product information to the public can be an important facet of tobacco control policy. Disclosure can take different forms including health and picture warnings on packages and published data on product contents or emissions. Given the potential for product-specific information to mislead tobacco users about relative risks, care must be taken with respect to communicating useful information to the public about the contents and emissions of tobacco products. Indeed, some jurisdictions have established regulations intended to eliminate misleading labelling on cigarette packs such as numerical ratings of TNCO (see "Product standards for toxicants or emissions", above). Regulation of packaging can act in conjunction with product regulation to further reduce misconceptions about harm. For example, standardized plain packaging is helpful in reducing misperceptions about the risks of tobacco products and the appeal of these products to young people. While not the focus of the present handbook, guidelines for Articles 11 and 13 of the WHO FCTC define packaging and labelling requirements, including standardized packaging.

Regulating novel tobacco and related products (TRPs)

As evidence-based policy interventions are put in place to control the marketing and sale of conventional tobacco products, the tobacco industry has expanded to other markets, and at the same time introduced products like HTPs, which are promoted by companies as preferable or safer alternatives.

The WHO FCTC defines tobacco products as all products that are manufactured for consumption and are made either entirely or partly from tobacco leaf. Because WHO FCTC obligations apply in respect of all tobacco products, WHO FCTC obligations apply also to new product categories including HTPs *(1)*. Definitions of the phrase "tobacco products" under domestic law differ from one jurisdiction to another. In some countries, the definition of tobacco products extends to all tobacco-derived materials, including nicotine, or to include products that are consumed in a similar manner and with similar presentation and mode of use to tobacco products. A more detailed discussion is provided in Chapter 6.

For ENDS, generalizable conclusions cannot yet be drawn about the ability to assist with quitting smoking (cessation), their potential to attract new youth tobacco users, or interaction in dual use with other conventional tobacco products and TRPs. Future independent studies should address these effects, as well as the safety and relative risks of TRPs.

and relevant COP decisions including FCTC/COP7(9), which invited Parties to consider applying regulatory measures to prohibit or restrict the manufacture, importation, distribution, presentation, sale and use of ENDS and/or electronic non-nicotine delivery systems (ENNDS), as appropriate to their national laws and public health objectives. These recommendations are particular to ENDS, and are not applicable to HTPs. Some jurisdictions may define ENDS as tobacco products; those which do not should follow WHO's recommendation from COP7/*(9)* in their regulation. Until such evidence becomes available, health authorities have an important role to play to effectively regulate these products to prevent access to minors and non-smokers. Again, further in-depth discussion is provided in Chapter 6.

Tobacco product bans

Several jurisdictions, including the EU, have adopted laws limiting the sale of certain forms of smokeless tobacco. Other countries have banned flavoured cigarettes. Bhutan is the only country that has banned the sale of all forms of tobacco products, although this ban has not fully prevented tobacco products from being readily available. Many countries have banned the introduction of ENDS pending evidence to support their reduced risk. Data to evaluate the impact of product bans on population health and other impacts, such as on government revenue, remain limited.

Premarket review and authorization

Most countries regulate the introduction of new drugs and how they may be marketed and sold. The United States may be unique in that tobacco product manufacturers must apply for and receive an order from the US FDA before new tobacco products can be marketed. The 2009 Family Smoking Prevention and Tobacco Control Act provides three pathways to market a tobacco product, with the Pre-Market Tobacco Product (PMTA) pathway as the primary route for all new tobacco products. Under this pathway, a manufacturer must demonstrate that the new tobacco product is beneficial to the United States population as a whole, including users and non-users. This powerful tool allows FDA to authorize or deny the marketing of a new tobacco product based on the determination of whether it is appropriate for the protection of public health. Countries could consider premarket authorization as a way to restrict or control the introduction of new forms of products for which the health risks remain unknown.

Chapter 2. International Guidance on Tobacco Product Regulation

The Partial Guidelines on the implementation of Articles 9 and 10 of the WHO FCTC *(4)* set out policy recommendations regarding the attractiveness of tobacco products, as well as the disclosure of information on the contents of tobacco products. Guidance regarding the addictiveness and toxicity of tobacco products may be provided at a later stage. All Parties to the Convention are strongly encouraged to align their regulatory activities with the recommendations of the Partial Guidelines, and countries not yet Party to the Convention are encouraged to become Parties or to follow the Partial Guideline recommendations as international standards. Technical support to countries is made available by WHO to aid the implementation of the Partial Guidelines at the country level.

These include WHO expert advisory and regulatory groups, such as the WHO Tobacco Laboratory Network (WHO TobLabNet), which develops methods for testing tobacco products, the WHO TobReg, which puts forward evidence-based policy recommendations on tobacco product regulation, and the Global Tobacco Regulators Forum (GTRF), which serves as a platform for regulators to share experience and facilitate information exchange. In particular, WHO TobReg publications (including both the Technical Report Series and Advisory Notes) will be useful in addressing particular topics.

Information on best practice and the effectiveness of interventions constitute additional resources for countries considering tobacco product regulation. A review of regulatory experience, further developed as case studies throughout the remainder of this handbook, is provided to assist health authorities to identify good practice, potential challenges to implementation and/or unanticipated outcomes.

2.1 What is WHO's guidance on regulating tobacco products?

Article 9 of the WHO FCTC addresses the regulation of tobacco product contents and emissions; Article 10 addresses the regulation of disclosure of information on tobacco product contents and emissions (see sidebar). The Partial Guidelines were adopted by COP4 in 2010, to assist Parties in meeting their treaty obligations *(4)*.

> **Article 9-Regulation of the contents of tobacco products**
> The Conference of the Parties, in consultation with competent international bodies, shall propose guidelines for testing and measuring the contents and emissions of tobacco products, and for the regulation of these contents and emissions. Each Party shall, where approved by competent national authorities, adopt and implement effective legislative, executive and administrative or other measures for such testing and measuring, and for such regulation.
>
> **Article 10-Regulation of tobacco product disclosures**
> Each Party shall, in accordance with its national law, adopt and implement effective legislative, executive, administrative or other measures requiring manufacturers and importers of tobacco products to disclose to health authorities information about the contents and emissions of tobacco products. Each Party shall further adopt and implement effective measures for public disclosure of information about the toxic constituents of the tobacco products and the emissions that they may produce.

At COP7, the COP added new language to the Partial Guidelines on the disclosure and regulation of product characteristics, as well as language on the disclosure of information on the contents of tobacco products that reference analytical laboratory methods developed under the auspices of WHO *(26, 27)*.

It is important to note that, contrary to claims by the tobacco industry, these guidelines are in effect. The regulatory measures advocated by the Partial Guidelines are to be treated as minimum standards and do not prevent Parties from adopting more extensive measures. Article 2 *(1)* emphasizes this same point.

The Partial Guidelines recommend the following for the regulation of tobacco product ingredients. Parties should:

- prohibit or restrict ingredients that may be used to increase palatability in tobacco products;
- prohibit or restrict ingredients that have colouring properties;
- prohibit ingredients in tobacco products that may create the impression that they have a health benefit; and
- prohibit ingredients associated with energy and vitality (e.g. stimulants).

In order to regulate the ignition propensity of cigarettes, the Partial Guidelines encourage Parties to:

- set a performance standard that at a minimum corresponds to the current international practice regarding the percentage of cigarettes that may not burn their full length when tested according to the RIP method;
- require tobacco manufacturers to test ignition strength, report the results to the responsible authority and pay for implementation of

the measures;

- require that all cigarettes comply with a RIP standard, and establish the necessary enforcement mechanisms; and
- avoid any claims suggesting that RIP cigarettes would be unable to ignite fires.

The Partial Guidelines also specify recommendations on disclosure of tobacco product information to health authorities and the public. Health authorities need accurate market information to determine regulatory needs and priorities. COP recommends:

- the disclosure of tobacco manufacturers' and importers' general company information; and
- informing every person of the health consequences, addictive nature and mortal threat posed by tobacco consumption and exposure to tobacco smoke in a meaningful way.

The Partial Guidelines emphasize the importance of a comprehensive system for monitoring, compliance and enforcement to ensure effective tobacco-product regulation. The costs of financing such a system should be placed on the tobacco industry and retailers, through options such as designated tobacco taxes, tobacco product registration fees, and annual tobacco surveillance fees (see Chapter 7).

On the regulation of product characteristics, COP7 included a new recommendation to Parties to regulate all tobacco product design features that increase the attractiveness of tobacco products, in order to decrease the attractiveness of these products and reduce appeal *(27)*.

On the disclosure of product contents, COP7 also made additional recommendations *(27)* to:

- consider requiring manufacturers and importers of tobacco

products to disclose to health authorities at specified intervals, information about the contents of their tobacco products by product type, and for each brand within a brand family;

- consider specifying that standards agreed by the Parties to the Convention or recommendations by WHO TobLabNet be used by the laboratories performing testing on behalf of the manufacturers and importers of tobacco products when requiring the testing and measuring of contents as Parties deem appropriate;
- consider specifying that WHO TobLabNet Official Method SOP 04 on the determination of nicotine in cigarette tobacco filler *(28)*, be used by country laboratories performing the test on nicotine on behalf of the manufacturers and importers of tobacco products;
- consider requiring that every manufacturer and importer provides to health authorities a copy of the laboratory report that shows the product tested and the results of the testing and measuring conducted on that product; and
- consider asking for proof of accreditation or membership in WHO TobLabNet or be approved by competent authorities of the Parties in question of the laboratory that performed the testing and measuring.

2.2 Does international trade law place limits on tobacco product regulation?

World Trade Organization (WTO) rules limit the ways in which WTO Members may restrict or regulate trade in goods and services, including through the use of tariffs (customs duties) and non-tariff barriers to trade, such as regulatory measures. WTO rules also oblige WTO Members to ensure minimum standards for the protection of intellectual property rights.

WTO rules stem from more than 20 agreements. These include the General Agreement on Tariffs and Trade (GATT), the Agreement on Technical Barriers to Trade (TBT Agreement), the General Agreement on Trade in Services and the Agreement on Trade-Related Aspects of Intellectual Property Rights. WTO rules are enforced through a system of dispute settlement between its Members. Only WTO Members (governments) may bring a complaint alleging that another Member has violated a WTO-covered agreement.

Tobacco product regulation has been the subject of a dispute under WTO law in *US–Clove Cigarettes (29, 30)*. In this dispute, Indonesia brought a claim relating to a United States law prohibiting the sale of cigarettes with a characterizing flavour, other than menthol or tobacco. Indonesia argued that the ban violated the TBT Agreement on the basis that the ban discriminated against clove cigarettes from Indonesia and was more trade restrictive than necessary to protect human health.

Although there are several WTO covered agreements applicable to tobacco product regulation, as *US–Clove Cigarettes* shows, the TBT Agreement is the most relevant. Accordingly, this section summarizes the TBT Agreement by reference to *US–Clove Cigarettes*. In the event that a measure is considered to violate WTO law, the offending Member is ordered to bring its law into conformity with WTO law within a reasonable period of time.

The TBT Agreement

The TBT Agreement applies to technical regulations and standards. Technical regulations are mandatory requirements that set out product characteristics. Technical regulations can require that a product take a particular form or prohibit a product from taking a particular form. In the tobacco control context, technical regulations include measures such as packaging and labelling measures and tobacco product regulations. Among other things, the TBT Agreement establishes obligations with respect to necessity, non-discrimination and transparency.

Necessity

Article 2.2 of the TBT Agreement obliges Members to ensure that technical regulations are not more trade restrictive than necessary to achieve a legitimate objective, such as protection of human health. This obligation is supplemented by Article 2.4, which obliges Members to use relevant international standards as the basis for technical regulations, except when such international standards or relevant parts would be ineffective or inappropriate for the fulfilment of the legitimate objectives pursued. Article 2.5 presumes that health measures in accordance with international standards do not create unnecessary obstacles to international trade under Article 2.2.

In determining whether a measure is more trade restrictive than necessary, a WTO panel weighs the contribution a measure makes toward achievement of its goal against the trade restrictiveness of the measure, in light of the consequences of non-fulfilment of the objective. The regulation adopted must be the least trade restrictive means of achieving the government's objective, of those means that are reasonably available. The regulation must also not be applied in a manner that results in arbitrary or unjustifiable discrimination, or as a disguised restriction on trade.

In *US–Clove Cigarettes*, a WTO panel considered whether the United States restriction on clove flavoured cigarettes was more trade restrictive than necessary to protect human health under Article 2.2. Despite the regulation being highly trade restrictive (a complete product ban), the Panel rejected Indonesia's argument and this aspect of the Panel's decision was not appealed. In reaching its decision, the panel referred to the Partial Guidelines adopted by the COP, though without considering whether those guidelines constitute international standards for the purposes of Article 2.5 of the TBT.

Non-Discrimination

Article 2.1 of the TBT Agreement prohibits both discrimination on the face of a measure (de jure) and discrimination in effect (de facto). In *US–Clove Cigarettes* Indonesia argued that the United States regulation discriminated (in effect) against Indonesian products because it prohibited clove cigarettes (primarily imported from Indonesia) but not menthol cigarettes (primarily manufactured in the United States). The USA argued that it had prohibited clove but not menthol cigarettes because clove cigarettes are particularly attractive to youth.

The Panel rejected the USA argument and found that the regulation discriminated against cigarettes produced in Indonesia in favour of cigarettes produced in the United States. The Appellate Body upheld this decision. In doing so, the Appellate Body found that clove and menthol cigarettes are sufficiently competitive in the United States market to be considered like products *(30)*. The Appellate Body also found that the prohibition of clove but not menthol resulted in less favourable treatment of imported products because the regulation fell most heavily on imported products and was not based solely on a legitimate regulatory distinction between the two product classes. In the latter respect, the Appellate Body emphasized that clove and menthol each mask the harshness of tobacco and that clove and menthol cigarettes are each attractive to youth *(30)*.

Transparency: notification and public obligations

The TBT Agreement also imposes notification and publication obligations on Members. Article 2.9 of the TBT Agreement obliges WTO Members to notify other Members of an impending technical regulation if that regulation is not in accordance with a relevant international standard, or where no relevant international standard exists.

These obligations apply if a technical regulation may have a significant effect on trade of other Members. Paragraphs 1–4 of Article 2.9 require a Member to, among other things, publish a notice, notify other WTO Members, provide particulars of the proposed regulation upon request, allow a reasonable time for comments, and take those comments into account. As a general rule, six months is considered a reasonable period of time for the purposes of Article 2.9.

The TBT Agreement also establishes the TBT Committee, which provides a forum within which WTO Members can discuss measures before they are implemented, with a view to avoiding formal dispute settlement. A number of tobacco control regulations have generated debate within the TBT Committee, including Canadian and Brazilian measures to reduce the palatability and attractiveness of tobacco products, and Australian regulations requiring the plain packaging of tobacco products.

Conclusion

US–Clove Cigarettes provides a good case study in which core principles of WTO law were applied to a tobacco product regulation. The Panel upheld the necessity of the product ban, but found that the effect of exempting menthol cigarettes was discriminatory. Since *US–Clove Cigarettes* other WTO Members have introduced similar bans on flavoured cigarettes without controversy at the WTO. For example, the 2014 EU TPD2 *(17)* obliges EU Member States to prohibit cigarettes with characterizing flavours, including menthol. In this instance, the risk of discrimination was one of the rationales for covering all flavours. Further discussion of the EU court case can be found in Section 5.2. The 2012 Brazilian directive banning the great majority of tobacco additives (described in Case Study 6) was similarly contested by the tobacco industry before the Brazilian Supreme Court on the basis of its unconstitutionality rather than through the WTO.

2.3 What are different country experiences in regulating tobacco products?

Tobacco product regulation is evolving and will continue to evolve alongside the development of new tobacco and related products and markets, and the science on tobacco product use and harm.

As new regulations are considered, the experiences of different countries and health authorities can provide critical insight into potential obstacles or unanticipated consequences to proposed regulations, as well as identify approaches that have proven more effective. In the WTO example above, the exclusion of menthol-flavoured cigarettes in a flavour ban raised legal challenges with respect to clove-flavoured cigarettes that might otherwise have been avoided.

A series of case studies are highlighted in subsequent chapters of the handbook. These case studies provide the opportunity to identify some of the successes and pitfalls of prior regulatory efforts while reflecting the important differences in policy objectives and/or political or social context.

- **Chapter 3** presents India as a country with existing tobacco product legislation but insufficient regulatory capacity or resources to implement legislation (Case Study 1); and Burkina Faso as a country that has successfully implemented tobacco product legislation in a low-income setting (Case Study 2).
- **Chapter 4** considers the experiences of Chile and Canada as instances in which revisions to initial product regulations were needed to support intended policy objectives. In Chile, revisions followed a legal challenge by the tobacco industry and included the development of a more relevant science base to support new regulations (Case Study 3); in the case of Canada, the revisions were necessitated by an unanticipated market response to the initial regulations, which were successfully identified by post-market surveillance (Case Study 4).
- **Chapter 5** uses EU TPD2 to provide an extended illustration of the processes necessary to support implementation of regulations. Chapter 5 also highlights the challenges of harmonizing

regulations across multiple jurisdictions in the EU (Case Study 5); the process toward overcoming legal challenges to a flavour ban implementation in Brazil (Case Study 6); and unintended consequences of printing emission values on packages under TPD1 (Case Study 7).

- **Chapter 6** highlights two examples of regulation of novel or new TRPs: first, restrictions on the introduction of new and modified products in the USA (Case Study 8); and second, a ban on menthol-flavour capsules in Germany (implemented under TPD1) (Case Study 9).

Tobacco product regulation must be evidence-based, suited to the needs of the country in question, and regularly monitored and reviewed for effectiveness, taking account of new evidence and knowledge to meet regulatory targets. Challenges facing health authorities in regulating tobacco products include: legal, technical and political opposition by the tobacco industry, the diversity and technical complexity of tobacco products including novel TRPs, and the lack of a regional science base and/or developed capacity for surveillance, testing and enforcement of product regulatory measures.

Countries planning to regulate tobacco products should not minimize or overlook necessary preparatory work, given the tobacco industry's demonstrated ability to find and exploit loopholes with legal and other challenges. It is important that countries and agencies coordinate evaluation and regulatory action to prevent the industry from exploiting regulatory differences to its advantage. The tobacco industry's history of deceiving health authorities and misrepresenting scientific data to support its interests shows that the industry and affiliated organizations cannot and should not be relied upon to regulate themselves. Any regulatory system should be independent of industry, and health authorities should seek the advice and support of other public health experts to address questions of reliability or interpretation of data.

Chapter 3. First Steps: Assessing Regulatory Needs and Capacity

If appropriately pursued and implemented, tobacco product regulation can contribute significantly to global efforts to reduce the mortality and morbidity caused by tobacco use. However, there are many potential barriers: the apparent complexity and technical nature of product regulation; the diversity of tobacco products available in various markets; insufficient data on the effectiveness and potential health and economic benefits of specific policies; tobacco industry interference; and inadequate tools/techniques and/or limited resources to actively pursue product regulation. As a result, health authorities tend to shy away from utilizing this powerful tool to complement other tobacco control interventions. A clear understanding of the objectives, processes involved, desired outcomes and overall gains for regulating tobacco products is crucial in formulating effective regulatory mechanisms at the country level.

This chapter presents the first steps the health authority should take in determining what regulatory policies are available, and how they relate to policy objectives and the setting of priorities. To begin with, an assessment of regulatory needs and resources is required. Next steps include exploring possible approaches to regulating tobacco products, anticipating possible outcomes, consulting with stakeholders and deciding on a preferred regulatory approach. The following questions can serve as a starting point for health authorities to analyse their situation, identify regulatory gaps and tailor regulatory responses.

- Where are you now? Assessing resources and capacity.
- What do you need? Identifying priorities for regulation.
- What is possible? Gathering and evaluating evidence.
- What should you do? Making the decision to regulate.

3.1 Where are you now? Assessing resources and capacity

Health authorities should first take stock of what regulatory mechanisms may already be available, beginning by engaging with relevant stakeholders, including internal stakeholders within the health sector and concerned departments, and external stakeholders within other non-health sector agencies. Wide engagement is crucial at this stage to establish whether there are existing laws in place (i.e. a general safety products directive, medicines agency, etc.), which may already cover the products in question.

Questions that could help a health authority in establishing a baseline profile.

- What is the national tobacco product regulatory authority?
- Is there a tobacco control law(s)? What does this cover?
- Which products are legally defined as tobacco products? Are there other laws in place that cover tobacco products?
- Are there other governmental departments involved in tobacco-product regulation (trading standards, medicines agency, consumer products, customs, etc)?
- Do existing laws regulate the contents and emissions of tobacco products?
- Does the country have funds for tobacco product regulation?

- Has the country developed tobacco product regulation guidelines under the law?
- Is there any existing mechanism for monitoring the regulation of tobacco products? Who is involved and how does the country engage with those involved?
- Which tobacco products are manufactured in the country and which are imported? Has the tobacco industry adopted regulatory or other criteria from an importing country for the tobacco products which are being exported?
- If the country does not manufacture tobacco products and only imports products, does the law provide for regulation of imported tobacco products? Does it cover cross-border sales?
- Is there scope to amend an existing law to incorporate new tobacco regulation priorities?
- Does the country have facilities for testing the contents and emissions of tobacco products, whether within the government or outside (private/industry)?
- Does tobacco product regulation form part of regular tobacco surveillance?

Health authorities should review their existing tobacco control laws and policies and compare with the recommendations set out in the Partial Guidelines on Articles 9 and 10 of the WHO FCTC (see Chapter 2) to establish where efforts are needed to tighten or extend tobacco product regulation. The Partial Guidelines are publicly available *(4)* and countries are encouraged to consider recommended measures to regulate tobacco products in their jurisdictions based on specific needs. Note that although the guidelines provide a useful framework for the regulation of tobacco products, countries are further encouraged to adopt measures beyond these recommendations as and where possible *(31)*.

3.2 What do you need? Identifying priorities for regulation

Countries must consider the available evidence base regarding product use in their own markets, as well as the range and diversity of available products. Key information that could help a country in establishing tobacco regulatory priorities includes:

- established traditions of tobacco product use, such as social use of waterpipes or a cottage industry of smokeless products with minimal controls;
- recent introduction of new or novel products;
- information on tobacco use prevalence among specific groups;
- direct targeting by the tobacco industry of particular products to specific groups;
- higher levels of harmful chemicals within a particular product compared to the same product in other countries; and
- knowledge of global products and priorities on tobacco product regulation.

Country data (i.e. morbidity and mortality, where available) as well as regulatory needs and capacity should guide the selection of regulatory priorities. This will allow emphasis to be placed on product regulation interventions that are relevant to the country and that are non-resource intensive, especially in low-resource settings.

The following questions will help to identify priorities.

- What are your objectives for regulation? What are the key

potential gains of introducing regulations or other interventions?

- How do you measure success? Is there a potential skills gap in conducting evaluations internally? Will external expertise be needed?
- What are the resources needed – human, infrastructure (e.g. laboratory, information technology) and monetary? Is there a need to budget for tobacco regulation activities or are there regular funds allocated to tobacco-product regulation?
- Do you need to reprioritize based on available resources or available data/ evidence? Should you consider less resource-intensive options, for example by starting with the regulation of disclosures (see below)?
- What are the estimated resources required to establish the regulatory system?
- What tools or infrastructure are needed (e.g. relevant databases, translation, electronic reporting platform, auditing, access to standardized testing methods, etc.)?
- What are the necessary timelines to gather evidence, evaluate evidence, consider options, prepare legislation, obtain the necessary approvals, engage with internal and external stakeholders, analyse findings, introduce legislation, and communicate to the public?
- How will you sustain tobacco product regulation activities over time? What mechanism(s) will be used?

In cases where data on products and product use is not readily available, regulation may serve as a mechanism for obtaining necessary data. For example, a country could start with implementation of WHO FCTC

Article 10, placing the onus on the industry to identify tobacco products and report information on the contents and emissions of products to health authorities *(27)*. This will help countries to gather knowledge on the products available in their markets, which can inform future policies.

Health authorities should be aware that measures must still be put in place to guarantee the correctness or accuracy of data submitted by industry. One approach is to mandate the industry to submit an attestation that the information submitted is true, so that if data is found to be unreliable, incomplete or inaccurate, health authorities can penalize the industry. This can include fines and may be as severe as imprisonment, depending on the country and the authority's regulatory powers. Health authorities with the capacity to verify industry reported data should periodically check the completeness and accuracy of such data. Further discussion of options to support testing in cases where a country's own capacity is limited is provided in Chapter 7.

The needs and priorities of a country are likely to shift over time due to changes in the tobacco market and the population, and the outcomes of prior regulation. Even after regulatory priorities are identified, further exercises must be conducted periodically to determine whether reprioritization is necessary, as well as to articulate objectives and targets, identify the tools and resources needed to realize set objectives, enumerate expected outcomes and identify key stakeholders (internal and external).

Case study 1: India—Challenges to supporting existing legislation due to limited capacity

In India, the provisions governing tobacco product regulation are covered in the Cigarettes and Other Tobacco Products (Prohibition of Advertisement and Regulation of Trade and Commerce, Production,

Supply and Distribution) Act (COTPA 2003) *(32)*. The law provides for testing of tobacco products for their contents and emissions (tar and nicotine) and depicting the same on tobacco product packages. However, despite a comprehensive law, most of the provisions relating to testing of contents and emissions have yet to be fully implemented. This is mainly due to the lack of capacity, expertise and the technical knowledge to set up a fully functional tobacco testing laboratory that will allow testing and measurement of contents and emissions in all forms of tobacco products. The government is under pressure from various sectors including the legal cases filed against it to implement the provisions for testing, and commitments have been made by the government regarding timelines for setting up the tobacco testing laboratories in court of law and Parliament. Although the government identified existing labs in various sectors for building tobacco testing capacity, it faced initial reluctance from these laboratories to take on testing of tobacco products.

Nonetheless, India has taken positive steps to overcome identified challenges and has built a case, with the backing of decision-makers and pressure from tobacco control groups, leveraging available local and global resources and engaging with the right experts to support implementation of tobacco control policies. With extensive and sustained technical support from WHO and funding support by the Ministry of Health & Family Welfare, three laboratories are at an advanced stage to become fully functional to address the regulatory provisions under COTPA 2003. The persistence with which India has overcome initial challenges provides a blueprint for other countries in surmounting tobacco product regulation challenges in low-resource settings. The steps adopted by India are as follows:

- including regulatory provisions in the tobacco control law, making it WHO FCTC compliant;
- providing funds from regular Ministry of Health budget to establish and maintain laboratories;
- coordinating among relevant stakeholders;
- learning from best practice, as adapted for the individual country;
- getting policy-makers support to establish capacity;
- engaging with experts both locally and globally (including other Parties and WHO);
- identifying existing facilities which could be optimized to incorporate testing and measurement of tobacco products;
- engaging with relevant partners for training of technical laboratory staff;
- strategic positioning of laboratories to best serve the whole country and the diverse tobacco products in the region; and
- partnering and engaging with the relevant networks (e.g. becoming a member of WHO TobLabNet).

3.3 What is possible? Gathering and evaluating evidence

Gathering information is an important step in formulating regulation, as a robust evidence base is necessary for sound policy and to ensure a regulation succeeds in achieving its objectives. Emphasis should be placed on the best available evidence *(33)*, which may include scientific evidence, expert opinion, empirical evidence, private communications, and/or country experience. The strength and relevance of evidence must be clearly evaluated. Several techniques are available for grading/ determining the strength of evidence which to a large extent are assigned according to the source/type of evidence *(34)*. For example, when considering scientific evidence, meta-analysis and systematic reviews are viewed as very strong evidence and of good quality, while expert and anecdotal evidence carry less weight.

Gathering evidence is not a process that needs to be undertaken in isolation. Consideration should be given to other parties with relevant information and/or interest in the proposed regulation. Questions to consider in identifying parties and evidence include the following.

- Who are the key internal stakeholders (government departments and experts, such as economists, legal experts, statisticians, tax experts, communication professionals, policy-makers, etc.)?
- Who are key external stakeholders or agencies (tobacco industry, members of the public, civil society organizations, media, etc.)?
- What other sources of information are available to build evidence (i.e. global data reports, WHO, WHO FCTC Partial Guidelines, scientific publications, private communications, WHO Advisory Groups (WHO TobLabNet, WHO TobReg, and GTRF), WHO FCTC Knowledge Hubs, tobacco industry websites and company reports, market reports and data, conferences, legislation of other countries)?
- Can regional or international cooperation foster experience-sharing and the use of an existing evidence base? How can this be facilitated?

An important consideration, especially when formulating policy, is the independence of research studies or other evidence from the tobacco industry, as this may be biased. Article 5.3 of the WHO FCTC obliges

Parties to protect public health policies with respect to tobacco control from the commercial and other vested interests of the tobacco industry *(35)*. In scrutinizing and examining the strength or relevance of evidence, a health authority should consider authorship of the research to determine whether the content is biased, based on the affiliations of the author(s), how the study is funded and any limitations that might render the evidence less relevant for the purpose intended or for the particular country in question.

Health authorities should engage effectively with identified key stakeholders when considering policy options and engage relevant expertise, as every option must be properly evaluated, balancing the risk against anticipated benefits. A stakeholder analysis to determine the importance and relevance of each stakeholder in combination with a public consultation is one useful approach, which will ensure maximum outreach and the gathering of as much evidence as possible on proposed interventions to facilitate a well-considered decision. This will aid a thorough evaluation of these interventions on several parameters, including businesses, populations, target groups and public health.

Analysis of the evidence is the most critical step and can be conducted in stages throughout the process or at the end of the evidence-gathering exercise. This step can extract meaningful information and trends to examine whether there is a strong evidence base to substantiate proposed interventions and to determine whether reprioritizing of regulatory needs or amendment of these interventions will be necessary. It can also support the identification of negative or unintended consequences and how these might be minimized.

The information, data and reports required to facilitate decision-making will be guided by the purpose and scope of the regulation and should be considered explicitly at the outset of the consideration process. It is important to determine the kind of analyses that will be needed. Both qualitative and quantitative methodologies can aid decision-making. Although many evaluation tools are publicly available online, it should be determined in advance what specific expertise is necessary to support analysis, such as data analysts, economists, information technology or other experts.

3.4 What should you do? Making the decision to regulate

Arriving at the best legislative opportunity(ies) requires the clearest and most reliable evidence. Health authorities should also consider the practicability of proposed interventions; timing for the process, corrections, engagement and approvals; the feasibility of implementation; resources and sustainability; impact on public health, the economy (including small and big businesses) and the environment; and evaluation of unintended consequences. In reaching a decision, the health authority should explicitly set out the issue under consideration, the basis for the proposed regulatory intervention(s), the aim and intended outcomes/effects, and provide a description of all options explored (including doing nothing), setting out monetized and non-monetized costs, benefits, evidence/justification, and risks/assumptions for each option. Further, the broader impact of the proposed intervention should be articulated, and justification provided for the preferred option and how it will be implemented, managed, measured and enforced. An impact assessment is a useful way of organizing these steps and there are publicly available templates which can be employed for this purpose, an example of which is provided in Fig. 3. The components identified in this decision-making process are recommended and low-resource countries could follow the same approach in setting out regulatory options to decision-makers.

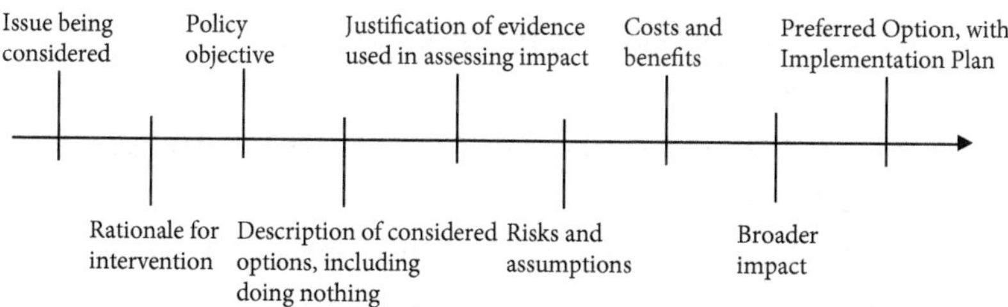

Fig. 3. Steps in the decision-making process, from initial consideration of a regulatory intervention, to the decision to regulate *(36)*

The success of a proposed policy hinges on the rigour of the process above (or a similar process) and the identification of the preferred option, duly substantiated with concrete evidence. Such a holistic approach to evidence-gathering/evaluation-and the presentation of the information gleaned from the process into comprehensible and concise policy language for decision-makers, which could be an expert group, steering group, independent or parliamentary committee-will aid the formulation of sound policies, with a better chance of achieving set objectives.

Additionally, provisions should be made to amend policies to suit changing regulatory needs and to incorporate new and emerging evidence, as necessary. A stepwise or tiered approach to implementation can also be explored in low-resource settings to make the best use of available resources and to maximize benefits.

Post-regulation surveillance should be considered since it provides a critical means to measure the effectiveness of interventions, to monitor, review and evaluate progress and to capture data to improve regulations should be considered. The following questions can guide post-regulation surveillance.

- Is the country able to meet the targets set for regulation?
- Who is the custodian of regulatory information?
- What is the mechanism available to assess the data generated through regulation?
- Are there any provisions for evaluation of regulatory practices in use?
- What are these provisions and what will be the frequency of evaluation?

Case study 2: Burkina Faso—Developing capacity for product regulation and testing in a low-income country (LIC)

Burkina Faso became a Party to the WHO FCTC in October 2006 and has focused its efforts on aligning tobacco product regulations with the provisions of the WHO FCTC (Articles 9 and 10), despite challenges it has faced as a LIC in formulating and implementing tobacco control policies. The country passed a Tobacco Control Act in 2010 focusing on the packaging and warning labels of tobacco products *(37)*, with implementing legislation adopted in 2011 and 2015 for effective implementation of the law. The WHO report on the global tobacco epidemic 2017 *(38)* identified Burkina Faso as one of three LICs that has adopted strong health warnings since 2014, and it was also listed in the same report as one of the countries with the greatest level of achievement in terms of health warning labels.

As Burkina Faso is not exempt from the difficulties faced by many LICs, including tobacco industry interference, lack of resources, lack of political will, and lack of relevant expertise, the lessons learned and approaches used to surmount these challenges and implement product regulation may be helpful to other countries facing similar situations.

Joining relevant international tobacco regulation networks, such as WHO TobLabNet

Burkina Faso became a member of the WHO Tobacco Laboratory Network in 2005, and by virtue of its active involvement and participation in the activities of the network, has strengthened its research and testing capacity, specifically in the area of tobacco-product regulation.

Collaborating with WHO as a WHO Collaborating Centre (WHO CC) on Tobacco Product Testing and Research

WHO advances its work programmes via several mechanisms, including collaborating centres, institutions designated by the WHO Director-General to carry out activities to support WHO's work programmes, under the Organization's leadership. Burkina Faso has been very active in international tobacco control, including the WHO FCTC, which led to the designation of the national laboratory of public health – Laboratoire National de Santé Publique, Direction de la Toxicologie, du Contrôle de l'Environnement et de l'Hygiène, Ouagadougou – as a WHO CC in 2013. The laboratory participated in the development of internationally validated methods for the contents and emissions of tobacco products mandated by the COP to the WHO FCTC.

Laboratory for Tobacco Product Testing

By developing its tobacco product laboratory testing capacity, Burkina Faso can now test products available on its market to meet obligations in line with the national law. It can also help to test the contents and emissions of tobacco products in its region and its methods are available for other countries. Additionally, it can access the most up-to-date information, varied expertise and diverse resources to inform national tobacco product regulation due to its active involvement in international tobacco control activities.

Generating Buy-In of Senior Government Officials

Politics play a pivotal role in tobacco control in most countries and can determine the fate of a proposed intervention *(39)*. Continued engagement and support from key government officials and ministers could be the catalyst needed to push regulations through. Sustained support in the form of resources and maintaining priority status on the political agenda can also make a significant difference. The positions of officials regarding tobacco control policies will dictate the progress made in tobacco control both in the short- and long-term, which means that their support is essential. The backing of comprehensive national tobacco control laws passed by the Council of Ministers and subsequent actions of key players in the government has added significant weight to how these regulations are perceived.

Chapter 4. Regulatory Considerations in Advance of Implementation

This chapter presents issues that may prove useful to health authorities in the process of selecting a measure for regulatory intervention. Specifically, consideration of these and similar issues may help authorities to select the most appropriate regulatory measure, to refine the measure to accurately reflect the problem at hand and the context in which it appears and, ultimately, to contribute to the measure's successful implementation.

For demonstration purposes, three regulatory options are the focus of the discussion, each with a different scope (narrow, intermediate and broad). All are intended as interventions to reduce the attractiveness of tobacco products under an overall policy objective of discouraging young people from experimenting with tobacco use (see Fig. 4). These different options are considered through four foundational regulatory issues, each framed as a question.

1. Have you gathered the relevant information?

2. What will you include in the regulatory text?

3. Is the measure you have chosen practical?

4. How will you know if the regulation has done its job?

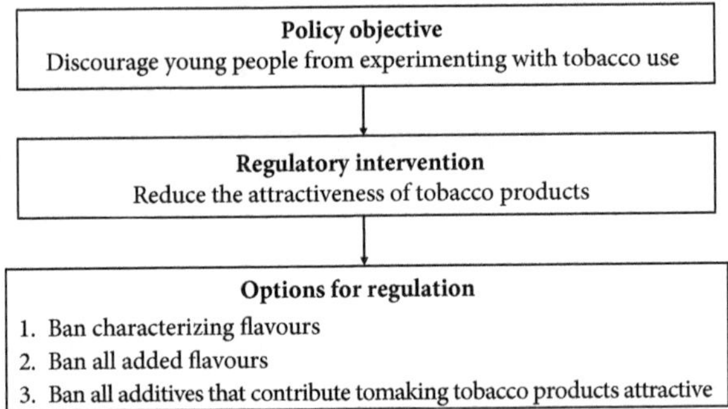

Fig. 4. Example of three potential regulatory options to address the policy objective of discouraging tobacco use among young people

4.1 Have you gathered the relevant information?

Information to support a decision to regulate the contents, design or emissions of tobacco products may be collected from population surveys on tobacco use prevalence and/or attitudes and beliefs, domestic tobacco market data, public opinion research, product testing, peer-reviewed studies, tobacco product information disclosures (industry submitted data), lessons learned from other countries (both problems and solutions), civil society, or even from tobacco industry sources (e.g. complaints from competitors). This information can help to determine that a tobacco-related problem exists, to define the specific nature of the problem, and to identify potential solutions.

In the example presented in Fig. 4 above, information collected could be used to help answer the following questions.

- Are there flavoured tobacco products available in the domestic market? If so, what product types are they and what flavours are available?

- Are there tobacco products promoted as containing additives other than flavours in this market (e.g. honey, other sweeteners, vitamins)?
- When were these products introduced into the market? What proportion of total tobacco sales do they represent?
- How are these products marketed?
- Do flavoured tobacco products make up a significant proportion of the products used by youth or young smokers, or other populations of concern?
- Has there been any increase in uptake of these products among young people?

Answers to these questions will help point to an intervention of appropriate scope (ranging from narrow to broad). The choice of regulatory option is impacted by the information gathered, including the quality and robustness of data, and how it is used, as shown in the following scoping chart (see Fig. 5). For example, in the case of a country in which one or more specific flavours (e.g. menthol or vanilla) have been demonstrated to play a sizeable role in the uptake of tobacco use among young people, a regulatory strategy might be focused on products that are characterized as "flavoured products" on the basis of marketing, packaging, and overt product characteristics (narrow scope). On the other hand, the primary issue of concern might be products that are made more palatable through the addition of flavour compounds, whether or not these flavours are communicated directly or explicitly to consumers. In this case, a complete ban on use of flavours might be considered (intermediate scope), or this ban might be further extended to include other additives that increase attractiveness, such as sweeteners, humectants, colours, stimulants, or pH modifiers (broad scope).

While a broader regulatory scope may have greater potential to address the initial policy objective, or may even extend beyond this objective and have a greater impact in reducing the use of tobacco, it may also require a greater and/or more robust evidence base to support it, and more work may be needed to determine how it will be implemented, or to anticipate the potential consequences of such an action.

Alternatively, a step-wise approach may be an appropriate choice – instead of implementing a broad scope measure all at once, incremental regulatory steps could be introduced over time. The choice of scope is discussed further below.

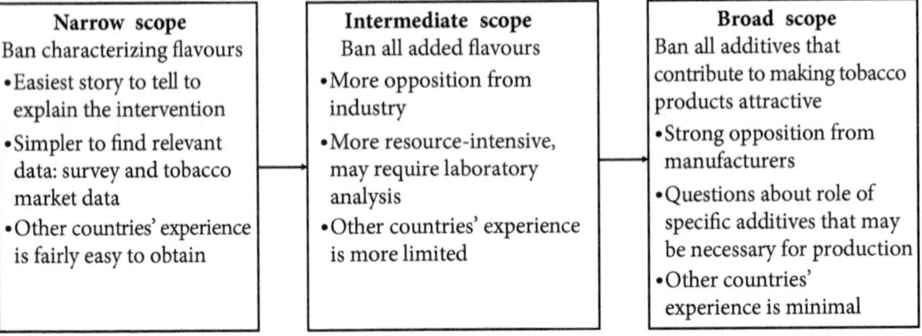

Fig. 5. Options for scoping a regulatory intervention–narrow, intermediate and broad

In the case of narrow-scope regulatory intervention (to ban tobacco products marketed or otherwise categorized according to flavours) domestic tobacco market data and the existing literature showing how flavoured products make tobacco products more attractive to young people may be adequate to support the intervention, depending on the national context. The intermediate-scope option may require further evidence; for example, it might be supported by product-specific data gathered on tobacco ingredients from manufacturers using a disclosure mechanism, or from independent laboratory analyses, showing that flavour additives are found in tobacco products even in the absence of marketing or other overt characterization of these products as flavoured.

Further determination could focus on whether specific flavour additives contribute to making tobacco products more appealing (i.e. via sensory testing or surveillance). The link between flavour compounds and experimentation or use among young people may be more difficult to demonstrate than in the case of products openly characterized by their flavours. While the amount of work required to gather relevant information may increase as the scope of the option widens, the potential positive impact on public health also increases. For example, the intermediate option prevents manufacturers from continuing to sell the same flavoured products while removing only labelling or other identifiers (e.g. selling removing the identifier "menthol" but continuing to add menthol to the product). The broad scope option puts further limits on industry innovation and its ability to attract new users by preventing other additives such as sugars or colours from substituting for the elimination of flavour compounds.

Most health authorities must address the critical issue of whether they have sufficient legal powers to advance the regulatory options under consideration. If an authority does not have all the necessary powers for some options, it may need to narrow the scope of the preferred options, or change the law to provide required powers.

Case Study 3: Chile—Ban on menthol products is struck down

Chilean law grants the Ministry of Health authority to restrict or ban substances added to tobacco when the substances are shown to increase levels of addiction, and health risks. The Ministry of Health sought to ban menthol tobacco products under this authority in 2013, but the Office of the Comptroller General (a separate government body) ruled that the Ministry had failed to demonstrate that menthol directly increases addiction, harm or risk.

According to the data provided by the National Health Survey (ENS 2016-17) in a national representative sample of people aged 15 years and older, the consumption of menthol cigarettes corresponds to 35.5% of current smokers (45.4% of women and 27.8% of men). On the other hand, the consumption of "click" cigarettes reaches 44.3% of current smokers (52% of women and 38.4% of men).

A proposal to amend the tobacco control law is currently under consideration, which seeks to ban the use of flavouring and additives such as menthol given that it is a component that promotes the initiation of tobacco use; and, directly or indirectly, increases addictiveness, harm, and risk for users. The bill was approved by a majority in the Health Commissions of both legislative chambers, and is due to be considered by the National Congress to become a national law. The bill requires a favourable vote in the two legislative chambers, as well as the President's signature. The new government has stated its interest in supporting this bill.

4.2 What will you include in the regulatory text?

Once the regulatory measure and scope have been decided, and the health authority's legal powers have been confirmed as sufficient for that option, the regulatory text (whether it is legislation, decree, resolution or a similar legal document) must be drafted. This should be worded to address the immediate problem, but flexible enough to adapt to market response(s), such as industry innovation or new scientific evidence. Reviewing legislation from other countries and enquiring about their experiences may prove to be of enormous help in crafting robust regulatory text.

Care should be taken to draft the regulations such that they are clearly understood by the regulated entities. Likewise, the regulations should include clear and comprehensive definitions where needed. Consideration should also be given to unintended consequences and loopholes that could be exploited. In the example discussed in this chapter, an objective definition of what constitutes a characterising flavour[1] is needed to ensure the term is clearly and consistently understood. Aside from regulating the content of a tobacco product, countries should consider prohibiting "any representation of a flavour on the packaging" as a (visual) promotional element, as is the case in the EU.

Health authorities should be aware of unclear wording about exclusions, such as "ingredients which are necessary for manufacture" that may be used by the tobacco industry to challenge the intended scope of the intervention. Rather, aim for wording that is easy for a court to understand and apply.

Given the litigious nature of the tobacco industry, authorities may wish to prepare in advance for possible litigation. Given the national context,

---

1 One example of a definition: In the European Union's Tobacco Products Directive (2014/40/EU), "characterising flavour" means a clearly noticeable smell or taste other than one of tobacco, resulting from an additive or a combination of additives, including, but not limited to, fruit, spice, herbs, alcohol, candy, menthol or vanilla, which is noticeable before or during the consumption of the tobacco product.

the industry may be likely to use constitutional arguments to oppose the proposed regulatory measure. To address this, provisions should be worded to protect the measure from such arguments. It may also be useful to ask subject matter experts or academic institutions to help identify expert witnesses ahead of time, in case this is necessary, and to advise on any additional information needs. Further, if a public consultation is conducted prior to the introduction of legislation, analysing the responses of the consultation to collate information that can assist with possible tobacco industry challenges, could prove very valuable.

In countries that are members of the WTO (or a regional trade group), the tobacco industry may try to use the country's trade obligations to oppose a regulatory measure, a tactic that has become standard industry practice designed to slow down advancement in tobacco control (see Chapter 2). Again, it may be useful to plan ahead by wording provisions to limit the industry's ability to undermine an intervention through trade obligations.

Other factors to consider in drafting a regulatory measure include:

- determining if enforcement powers are sufficient to seize products that do not meet the requirements, and/or to launch prosecutions;
- clearly identifying all the powers the enforcement agency will need;
- setting out penalties (e.g. fines, imprisonment) that will act as a deterrent – note that penalties for violating the law must be sufficiently severe to prevent manufacturers from treating them simply as the "cost of doing business";
- establishing clear deadlines – for example, the timing of the coming into force of its provisions;
- writing the text in to facilitate the reporting of alleged violations by the general public, including non-governmental organizations;

- ensuring clear designation of responsibilities, especially if there are more than two regulatory authorities involved in enforcement; and establishing clear timelines and procedures for making representations, especially in disputes.

Finally, it could be useful to consider holding not just manufacturers, but also tobacco importers, wholesalers, distributors and retailers, responsible for ensuring the products for which they are responsible meet regulatory provisions.

Seeking input and advice from other government authorities

Depending on the national context, it may be beneficial to consult other government ministries on the proposed regulatory text to seek help or advice. Consider the following examples of sources and the nature of potential help.

- For a country that is a member of the World Trade Organization, consulting the trade ministry can help ensure that the measure is fair, non-discriminatory and meets the rules of trade between Member States.
- The customs ministry or authority can help address contraband arguments that could be raised by the tobacco industry.
- The agriculture ministry can provide help with mitigation measures, if local tobacco growers may be impacted by the proposed measure.
- The revenue ministry or authority can help with mitigation measures, if taxes on tobacco products may be impacted by the regulatory measure.
- The justice ministry can provide help addressing legal issues, including court challenges from the tobacco industry.

4.3 Is the measure you have chosen practical?

Another critical issue to consider is the practicality of implementing the preferred measure. It is useful to know and address, for example, answers to the following questions.

- Has a government agency been identified to conduct the compliance and enforcement activities related to the regulatory measure?
- If yes, does that agency have adequate resources? Does it have experience with tobacco products?
- Is it possible to adapt another existing regulatory framework on consumer products (i.e. cosmetics, etc.) to apply to tobacco products?
- Has the agency determined the approach to be used to monitor compliance? Have alternative measures been considered?
- If inspectors are to be designated to monitor compliance, will training materials have to be developed, will training be provided to these inspectors and how will this training be delivered?
- Does the health authority have access to facilities for compliance monitoring? Depending on the scope of the intervention, there may be a need for laboratory testing to verify compliance.
- If it does not have its own laboratory facilities, can the responsible authority access an independent (contracted) laboratory to conduct the appropriate testing?

It may be useful to build into plans the intention to revisit the selected approach after it has been in place (implemented) for some time to assess whether it continues to be effective.

In addition to the above considerations, it is also worth determining whether the scope of the regulatory measure (narrow, intermediate or broad, as set out in the example at the beginning of this chapter) has an impact on how easily it can be implemented. In many jurisdictions, for example, the compliance and enforcement activities for a narrow scope option would be the simplest to carry out (although determining what constitutes a characterizing flavour may prove challenging). A measure with an intermediate or broad scope will trigger the need for additional resources as they may involve laboratory testing and related development of appropriate analytical methods for the detection of flavours in tobacco products. On the other hand, relying on laboratory results may be a practical and straightforward way to obtain compliance.

4.4 How will you know if the regulation has done its job?

Health authorities may benefit from determining – before implementing a regulatory measure–how to monitor the impact of the regulatory intervention on the initial problem. One way to do this is to use the information that helped to identify that there was a tobacco-related problem in the first place, selecting one or more indicators to allow progress to be tracked. Just before the intervention is implemented, it is useful to ensure that there is sufficient information to establish a baseline (against which future data can be compared), and that a plan is in place to continue collecting relevant information. Here again, subject matter experts may have useful advice on whether additional information should be gathered and how (e.g. such as through a survey).

It is also beneficial to consider whether the desired outcome(s) is measurable. Measurable indicators can help ensure that successes are captured and reported appropriately. It can be critical to ensure that compliance levels are effectively monitored, and to help assess whether the impacts measured (including successes) are tied to a low or a high level of compliance by regulated entities.

Monitoring public perceptions of the regulatory intervention may also provide useful information about the impact of the measure, and what (if any) additional action needs to be taken on this front. For example, has the measure led to misperceptions among the public, such as a belief that tobacco products have been rendered less harmful?

A solid understanding of the expected economic impacts of a regulatory intervention may also be useful to health authorities to support effective monitoring of the measure's impact. Such an economic cost analysis may strengthen an intervention by helping ensure the authority is well prepared to counter anticipated arguments from the tobacco industry. Key elements/information that may be useful in an economic cost analysis include:

- number and size of manufacturers and importers (small, medium and large) to be impacted by the measure;
- percentage and value of tobacco products manufactured in the country that will be impacted;
- capital costs expected, if any, for the purchase by manufacturers of new machinery and equipment;
- costs to the manufacturer, if any, for redesign of tobacco products, reporting of regulatory data or provision of samples for analyses;
- anticipated changes in product pricing, if any; and anticipated

reductions in sales, measured both in terms of reduced quantity of tobacco products sold and reduced sales revenue.

Reviewing the above elements again some time (i.e. a two or five year point) after the measures have been implemented may help health authorities assess market response. Authorities may also wish to monitor other aspects of the market, in order to answer the following questions.

- Has prohibiting one feature of tobacco products – for example, characterizing flavours – led to the use of alternatives by the industry to circumvent the intent of the intervention?
- Has the industry found, and exploited, loopholes in the regulatory text?

Given the amount of work required to prepare for, implement and monitor results of a regulatory intervention, health authorities will ideally share results with other countries to help advance tobacco control globally. Coordination across countries can be especially important to anticipate problems or challenges and to prevent the industry from leveraging regulatory differences. Further discussion regarding coordination and sharing of data is provided in Chapter 2.

Case study 4: Canada—Implementation of a ban on flavours circumvented by the tobacco industry

In the early 2000s, it was observed that flavoured little cigars began appearing on the Canadian market. Flavoured little cigars are similar to cigarettes, with appealing fruit and candy flavours. Sales data collected through mandatory industry information disclosure showed that these products were becoming increasingly popular. Sales of flavoured little cigars had experienced a threefold increase over a five-year period while the market for unflavoured cigars remained basically flat. By the second half of the 2000s, Canadian survey data indicated a significant use of little cigars among youth. These data supported the notion that youth interest in these products could, in large part, explain the increased sales.

To address this problem, Canada introduced the Cracking Down on Tobacco Marketing Aimed at Youth Act (2009). This legislation prohibited the manufacture and sale of little cigars, cigarettes and blunt wraps that contained certain additives that contributed to making the products attractive, including most flavour additives (but not menthol). The legislation also prohibited any representation on the packaging suggesting the presence of a banned additive *(40)*.

The initial legislation was soon circumvented by tobacco manufacturers. Through post-implementation monitoring of the marketplace, it was observed that the industry had made flavoured little cigars larger, and in doing so was legally able to continue offering flavoured products. A first response from government saw the ban on flavours extended to most types of cigars; it was followed by an amendment in 2015 in which menthol was prohibited. The extension of the initial flavour ban to menthol was based on information from surveys showing much higher levels of interest in tobacco products with menthol among youth and young smokers *(40)*.

Studies following implementation of the menthol ban found that products previously sold as menthol continued to be presented at least temporarily with green colouring and descriptors emphasizing a "smooth taste", suggesting that packaging may be used as a strategy to maintain attractiveness and undermine the public health benefits of the menthol ban *(41)*. Other countries pursuing a ban on flavours may need to consider the use of marketing tactics as a means of circumventing policy goals.

Chapter 5. Implementation and Potential Challenges

Following determination of the needs and resources available within a specific regulatory environment (Chapter 3), and careful consideration of policy approaches to achieve desired regulatory objectives (Chapter 4), the next step for the regulatory authority is implementation of policy. Steps necessary to achieve successful implementation will differ taking into account the unique political and legal environment of each country, the source and scope of regulatory authority, the nature of the regulatory objective, the strength of the science base and justification for the action, the degree of opposition to the measure, the availability of similar regulatory experiences to draw from, and other related factors.

This chapter will illustrate the potentially complex process of implementation through a discussion of the EU's 2001 Tobacco Products Directive (TPD1) *(18)* and 2014 (TPD2) *(17)* Tobacco Products Directive. The primary focus of the discussion below is on the rationale behind the approach adopted by the EU for TPD2, the need for reassessment and revision of prior actions, challenges to implementation, and the ways in which challenges were successfully addressed.

5.1 What does implementation of tobacco product regulation look like?

Tobacco use is responsible for an estimated 7 million avoidable deaths globally, including 700 000 in the EU, every year. Around 50% of smokers die prematurely (on average 14 years earlier). The vast majority of smokers start smoking when they are very young – according to the latest survey data, 52% of current or former smokers developed a regular smoking habit before their 18th birthday and 93% before the age of 26 *(42)*.

To address this situation, the EU, together with its Member States, adopted various tobacco control measures in the form of legislation, recommendations and information campaigns. These policy measures include, for example, the regulation of TRPs on the EU market, restrictions on cross-border advertising and sponsorship, the creation of smoke-free environments, levying taxes and activities against illicit trade.

The 2001 TPD (2001/37/EC)

Encompassing legislation on Tobacco Products was first adopted in the EU in 2001 with the Tobacco Products Directive 2001/37/EC (TPD1) *(18)*. Earlier related legislation largely focused on individual provisions, such as setting tar limits (Directive 90/239/EEC) *(43)*, product labelling (Directive 89/622/EEC *(44)*, Directive 92/41/EEC *(45)*, and prohibition of oral tobacco (Directive 92/41/EEC) *(45)*.

TPD1 already foresaw measures in relation to certain provisions, such as health warnings, cigarette TNCO limits, ingredient reporting, oral tobacco, emission reporting and product descriptions. Following its entry into force in 2001, the Commission reported twice on its application, in 2005 *(46)* and 2007 *(47)*. These reports highlighted some of the TPD1's shortcomings, such as the need for better alignment with the WHO FCTC (for instance in terms of large mandatory pictorial health warnings and abolishing the printing of TNCO yields on cigarette packs), the need for a mandatory electronic reporting system, the challenges associated with the introduction of novel tobacco and related products, as well as efforts by the tobacco industry to circumvent existing law.

The review of TPD1 was explicitly anticipated in the law itself, and its revision to adequately reflect market, scientific and international developments had been repeatedly called for by the parliament and council of the EU. This revision became necessary for several reasons. New scientific evidence had emerged, for example on tobacco flavourings and the effectiveness of health warnings. Furthermore, new products, such as electronic cigarettes or ENDS and new flavoured tobacco products were introduced on the EU market. There had been developments at the international level, triggered for example by the WHO FCTC to which EU Member States had responded with different regulatory approaches. Thus, an important goal of the revision was to harmonize implementation of these international obligations and to ensure a consistent approach to non-binding WHO FCTC commitments, if there was a risk of diverging national transposition.

In the consideration of adapting policy measures, it was relevant to update those areas which were already harmonized under EU law to overcome obstacles for Member States to update national legislation in response to the changing market, as well as scientific and international developments. Furthermore, it was necessary to address product-related measures that were not yet covered by the TPD1, to avoid the possibility of heterogeneous developments in the Member States resulting in a fragmentation of the internal market. Finally, it was important to address the problem of circumvention of the existing law.

In addition to the negative impact of tobacco consumption on people's health, one of the most compelling reasons to strengthen the rules on tobacco products was the fact that smoking prevalence rates, particularly among young people, were still high compared to other jurisdictions with strong tobacco control policies. According to survey data at the time of the revision, prevalence rates in the EU were 28% among the overall population (aged 15 and above) and 29% among the younger age group of 15-24 years of age *(48)*.

In summary, the new Tobacco Products Directive 2014/40/EU (TPD2) *(17)* seeks to improve the functioning of the EU's internal market for tobacco products, while assuring a high level of public health. A primary objective was to make tobacco products and tobacco consumption less attractive in the EU, in particular, to young people.

Outline of regulations specified in Tobacco Products Directive 2014/40/EU (TPD2)

Labelling and Packaging

- Large mandatory pictorial health warnings
- General health warning/replacement of TNCO labelling by an information message
- No more promotional or misleading packages and elements

Ingredient Reporting and Regulation

- Ban on cigarettes and roll-your-own products with characterizing flavours
- Ban on additives or products with certain properties (e.g. containing additives that increase toxicity, addictiveness, or attractiveness)
- Ban on flavourings in certain components of tobacco products (filters, paper, packages, capsules)
- Mandatory electronic reporting of ingredients, emissions, and sales data

- Priority additives identified which are subject to enhanced reporting obligations

Electronic Cigarettes

- Safety and quality requirements
- Packaging and labelling rules
- Notification and monitoring

Novel Tobacco

- Prior notification and enhanced reporting

Ban of oral tobacco maintained Provisions on Cross-border Distance Sales and Herbal Products Measures to Combat Illicit Trade

Procedure of the revision

In the course of the revision of TPD1, extensive consultations of citizens, stakeholders, NGOs and Member States were undertaken. Several studies were conducted to assess different policy options and scenarios. Finally, an extensive impact assessment *(49, 50)* was performed to present the qualitative and quantitative economic, health, social and environmental impact of the different options in order to identify the preferred option. The impact assessment *(49)* was published by the European Commission, together with its proposal for a revision of the law in December 2012. Following the negotiation process with the co-legislators, i.e. the European Parliament and the Council of the European Union, the revised TPD2 was adopted in April 2014.

TPD2 became applicable in EU Member States on 20 May 2016. Member States were required to bring into force the necessary laws, regulations and administrative measures to ensure full compliance and had to communicate to the Commission the text of those national provisions by this deadline. In line with the transitional provisions of the Directive (2014/40/EU), as of 20 May 2017, all products placed on the EU-market should comply with this law. The main components of TPD2 are outlined in the sidebar (Outline of Regulations Specified in the EU Tobacco Products Directive). A more comprehensive description of these provisions can be found in Annex 1, located at the end of this handbook.

Implementation of TPD2

While the implementation of TPD2 is an obligation for EU Member States, the European Commission provides support to Member States by developing supporting mechanisms and tools or by supporting coordination and/or collaboration of relevant activities. In certain areas, the European Parliament and the Council have empowered the Commission to adopt additional legislative acts to implement TPD2. This secondary legislation outlines in further detail the rules governing the manufacture, presentation and sale of TRPs. Delegated and implementing acts have been adopted in the following areas:

- a new library of pictorial health warnings;
- the layout, design and shape of the combined health warnings for tobacco products for smoking;
- the position of the general warning and information message on roll-yourown tobacco;
- the reporting format for tobacco product ingredients, emissions and related data (including for novel tobacco products);
- a common notification format for electronic cigarettes;
- the technical standards for the refill mechanism of electronic cigarettes;

- a priority list of additives that warrant further examination;
- the rules and mechanism for determining whether tobacco products have a characterizing flavour, including the procedure and the establishment of a panel; and
- technical standards for the systems for tobacco traceability and security features.

Moreover, the Commission has written a report to the European Parliament and the Council on the potential risks to public health associated with the use of refillable electronic cigarettes.

In developing the implementing legislation, the Commission was supported by external contractors and scientific experts. In turn, the implementing legislation provided the basis for the establishment of the mechanisms supporting Member States in the practical implementation of TPD2, such as the EU Common Entry Gate (EU CEG) for reporting of information on tobacco products and electronic cigarettes, and the Independent Advisory Panel on characterizing flavours in tobacco products. The Commission also established a Joint Action, financed under the EU Health Programme, allowing Member States to join forces in the TPD implementation.

TPD2 also provided mechanisms to adapt certain provisions in the future taking account of new developments, such as internationally agreed standards, scientific evidence, market developments or national measures. Examples include health warnings, emission standards or permitted levels of tobacco product additives. The Commission may also remove exemptions granted to certain product categories if there is a substantial change in circumstances (in terms of sales volumes or prevalence levels among young people).

Reporting and monitoring

While the monitoring of national markets falls within the competence of Member States, the Commission facilitates discussions and exchange of information, experience and best practice between Member States, e.g. via the Joint Action and its Expert Group on Tobacco Policy. The Commission also monitors international, scientific and market developments.

By May 2021 the Commission shall report on the application of TPD2 and shall indicate elements of TPD2 which should be reviewed or adapted in the light of scientific and technical developments. Aspects of particular interest include plain packaging, novel tobacco products, changes in use patterns, tobacco ingredient regulation and reporting, slim cigarettes, electronic cigarettes and waterpipes.

Case study 5: European Union—Legislation on tobacco product flavours for 28 countries

The EU faces a unique challenge when developing, negotiating, implementing and enforcing legislation for 28 Member States. TPD2 is the result of negotiations between the European Commission (who developed the legal proposal) and the co-legislators (European Parliament and Council).

In prior decades, EU Member States have sometimes adjusted the common product regulation by adopting, where appropriate, their own individual approaches: In terms of tobacco products legislation related to additives, some countries listed permitted additives (positive lists), some listed prohibited additives (negative lists) while others used a combination of both, or did not regulate the use of additives at all. Therefore, a harmonized approach on ingredients was necessary to improve the functioning of the internal market in the EU. During the preparatory phase of the TPD2, three options (in addition to the status quo) were assessed ranging from the prohibition of additives with specific properties to prohibiting all additives not essential for manufacturing (an option similar to the Canadian and the Brazilian approaches). Details can be found in the impact assessment *(49)* presented by the European Commission and summarized in an executive summary *(50)*.

In relation to flavours, TPD2 introduced a ban on tobacco products with characterizing flavours that will initially only apply to cigarettes and roll-your-own (RYO) tobacco (for a definition see Section 4.2). The implementation of this provision will be supported by an independent advisory panel of experts and a technical group of sensory and chemical assessors. Moreover, TPD2 foresees that tobacco products shall not contain flavourings in any of their components such as filters, papers, packages and capsules. Technical features allowing modification of the smell or taste of the tobacco products concerned, or their smoke intensity, are prohibited. These provisions are complemented by measures addressing the presentation of products: Among others, promotional or misleading features or elements on tobacco packages are prohibited as well as references to lifestyle benefits, taste, smell or flavourings – and this provision applies to all tobacco products on the market.

A general challenge during the revision of the TPD was to counteract the strong lobbying by the tobacco industry. For this particular policy area, some concessions were made, such as the initial exemption of some tobacco products (e.g. cigars, cigarillos, pipe and waterpipe tobacco as well as smokeless products) from the ban on characterizing flavours, and the postponement of the ban until 20 May 2020 for tobacco products with a characterizing flavour whose sales volumes in the EU represent 3% or more in a product category *(51)* (as is the case for mentholated cigarettes).

5.2 What are the challenges you may face?

The experience of the Commission and Member States illustrate legal, as well as practical challenges to implementation of TPD2, which are outlined below.

Legal challenges

The EU continues to defend the provisions of the new TPD2 in the European Court of Justice. It successfully defended TPD2 in three cases, where the Court confirmed that TPD2 is valid and that the "extensive standardization of packaging, future EU-wide prohibition on menthol cigarettes and special rules for electronic cigarettes are lawful". Several other court cases in relation to individual provisions, such as the ban on oral tobacco, the classification of chewing versus oral tobacco, the provisions on product presentation (promotional elements), use of pictorial health warnings and the additional transitional period for certain products with characterizing flavours are currently ongoing. The United Kingdom's introduction of plain packaging was also challenged by the tobacco industry in 2016. In its landmark judgment on this case, the High Court ruled that the government's regulations on plain packaging were lawful and that all grounds of challenge made by the tobacco industry had failed.

In two of the closed court cases (C-547/14, C-358/14) the plaintiff argued that the provisions on characterizing flavours would constitute a discrimination of mentholated versus other cigarettes. However, with a reference to an earlier WTO-case (see overview of this case in Section 2.2), the EU successfully argued that an exemption of menthol from the ban would constitute an unjustified difference of treatment and thus a discrimination of other flavours *(52)*. Experience from these cases, as well as from ongoing related cases and from discussions with the Member States, indicate that the tobacco industry is making a concerted effort to keep menthol products on the market for as long as possible.

Circumvention of regulations

Manufacturer efforts to circumvent TPD2 have been observed. Examples reported by individual Member States include the addition of flavour threads to packages to bypass the ban on products with a characterizing flavour; and the sales of paraphernalia, such as capsules, flavoured papers or package covers to circumvent the ban on products with flavour capsules, the ban on products with a characterizing flavour and the use of mandatory health warnings, respectively.

Novel tobacco products

The industry has engaged in significant efforts to market novel TRPs, such as HTPs, which can pose challenges for the competent authorities, in particular regarding their classification. As far as the regulation of these products is concerned, it is an advantage that all tobacco products are covered by TPD2 and that manufacturers/ importers are required to submit a prior notification (six months), accompanied by extensive information on all such products in order to place them on the market. Moreover, Member States can decide to introduce an authorization system for these products.

Resources and infrastructure

Implementation of TPD2 is resource intensive, considering the tasks foreseen and the related mechanisms it entails - both for regulators at the EU and national level. For instance, competent authorities need to process and analyse a large amount of product-related data received from the industry via the EU CEG. The competent authorities of the Member States are obliged to publish the data while considering the need to protect trade secrets. Other examples include the assessment of test products by the independent advisory panel and the technical group of sensory and chemical assessors, as well as the provisions on the traceability system for tobacco products. LIC or low-resource countries may wish to consider the degree to which regulations obligate them to direct limited capacity and focus primarily on regulations for which compliance is more straightforward (i.e. without need for ongoing sensory or chemical assessment).

Case study 6: Brazil—Industry opposition delayed implementation of a ban on flavours but was ultimately unsuccessful

On 15 March 2012, the Brazilian Health Regulatory Agency (ANVISA) issued a resolution banning the import or sale of tobacco products containing most additives including flavours *(53)*. This was the first time that any country had banned all flavours in tobacco products, including menthol. However, this ban was not initially implemented pending the resolution of a legal challenge filed by Brazilian tobacco lobbying group

Sinditabaco against ANVISA. In late 2012, the court ruled in favour of Sinditabaco, and suspended articles 6 and 7 of the ANVISA Resolution *(54, 55)*. De facto, the tobacco industry had obtained a temporary judicial suspension of the ban on additives and flavours which it claimed threatened its business. ANVISA appealed this decision, with the hearing of the case scheduled on many occasions but always postponed. The case was finally heard before the Federal Superior Tribunal of Brazil in the autumn of 2017. In a landmark victory for tobacco control and public health, Brazil's Supreme Court of Justice rejected the constitutional challenge from the tobacco industry and ruled in favour of the ANVISA resolution *(56)*. As of 1 February 2018, the ban on flavours and additives in tobacco products now holds across Brazil.

The two main arguments brought by the different stakeholders over the years were that this ban was unconstitutional, and that ANVISA had not produced scientific evidence demonstrating that the ban on flavours would serve public health purposes. Discrediting proven science is one of the many forms of tobacco industry interference *(57)*. The industry sparks controversy to distract and confuse the public and governments, sowing the seeds of doubt on the scientific evidence. This is again confirmed by a recent study which confirmed that the information used by the tobacco industry to build some arguments against the bans proposed by ANVISA, was "generated through misrepresentations of legitimate sources and representations of illegitimate ones. ... It is likely that decision-makers do not have the time and perhaps the desire to scrutinize the strength of the information supporting the messages they receive from different interests. It will be important for tobacco control researchers to continue to explore the policy-making process in order to better understand what types of information enter this process and to what effect." *(58)*

This case, in addition to showing that product regulation is of great concern for the tobacco industry, should serve as a good example for countries wanting to ban flavours in tobacco products. One of the lessons learned is that all countries should conduct ahead of time, during the preparatory phase of the regulation, a systematic work to commission and gather relevant research and scientific evidence, in order to leave no room for the tobacco industry to claim the lack of an established science base to support proposed regulations.

5.3 What are potential outcomes following implementation?

Implementation of TPD2 has triggered additional tobacco control measures in some EU Member States. Following the adoption of the TPD2, several Member States have introduced plain packaging (with the legislation already being applied in the United Kingdom, France and Ireland). This makes the EU the second jurisdiction to introduce plain packaging measures, following Australia's lead.

In the context of TPD2, some Member States have taken action to ban certain product categories, such as chewing and nasal tobacco. These actions have been pursued at the country rather than EU level in light of the specific situation in these Member States and justified by the need to protect public health. Sweden maintains the exemption to the ban on oral tobacco products that was granted when Sweden joined the EU in 1995. Moreover, TPD2 provides Member States on certain aspects with the possibility to introduce specific measures, for example to introduce an authorization scheme for novel tobacco products or to adapt rules on flavours for electronic cigarettes.

The adoption of stricter and encompassing rules through TPD2 should help to deter young people from experimenting with, and becoming addicted to, tobacco. As estimated in the impact assessment, TPD2 is expected to lead to a 2% drop in consumption of tobacco over a period of five years. This is roughly equivalent to 2.4 million fewer smokers in the EU. Governments and society should benefit from improved public health, namely longer healthy lives. The reduction in tobacco consumption resulting from the new measures is calculated to translate into annual healthcare saving of €506 million (US$ 577 million). However, as non-compliant products were only recently fully removed from the EU market, it is currently too early for an empirical analysis regarding how the regulatory approach is working in practice. A comprehensive assessment will be carried out in the context of the reporting obligations that were assumed as part of TPD2.

5.4 How do you respond to unanticipated outcomes?

As indicated above, comprehensive changes to TPD1 were first identified as necessary by regulators following regulatory developments, the emergence of new scientific evidence and given the rapidly changing market of available TRPs. Provisions built into TPD1 supported review of the policy's effectiveness and outcomes, which made the need for these revisions clear.

Lessons from the EU experience highlight the importance of monitoring, not only of tobacco products and product changes, but also of outcomes spurred by regulatory interventions. Monitoring of outcomes can take the form of surveillance of beliefs and attitudes as well as epidemiological or other health-based measures. The EU experience also emphasizes the importance of adaptability in a successful regulatory approach, as it may become necessary in the future to respond to unanticipated changes in the market, to new scientific or technical developments or to address circumventions of regulation, whether initiated by industry or users. Also necessary is the willingness of the regulatory authority to consider alternate approaches in these circumstances. A more in-depth discussion of implementation of monitoring and surveillance can be found in Section 4.4.

Tobacco product regulation cannot be considered or conducted in isolation given that the tobacco market is global. Regulatory action in one country may provide a useful starting point for other countries, especially those considering a similar approach or faced with a similar regulatory issue, as they are determining priorities or considering aspects of implementation, such as defining terminology, options, engagement, information or identifying potential loopholes or exceptions. Some regulatory action may influence the behaviour of industry in other jurisdictions, such as in setting priorities for product development, or where and how tobacco products are produced or exported for sale. Wherever possible, competent authorities should draw on the experiences of other countries that have considered and/ or successfully implemented regulations in order to anticipate outcomes and challenges, sharing their own experiences in turn.

Case study 7: European Union—Information on TNCO-levels

Regulatory experience can be informative in identifying outcomes that differ dramatically from the objectives which supported implementation. TPD1, adopted in June 2001 (2001/37/EC), included provisions requiring tobacco product manufacturers to print TNCO yields on cigarette packages.

The inclusion of TNCO yields (numerical descriptors) on cigarette packs at the time was intended to inform the public, especially consumers of cigarettes, about the machine measured amounts of analytes in the tobacco product to enable them to make informed public health choices. In parallel, references to elements (e.g. light, mild) suggesting that a particular tobacco product was less harmful than others was prohibited. However, consumers interpreted the information as a relative risk tool (i.e. one product seen as being safer or better than the other) *(59)*. For example, cigarettes with a tar yield of 1 mg/cig were misconstrued as being safer than products with 10 mg/cig. Further, science demonstrated that machine-based smoke yields were poor measures of human exposure and risk, due to factors such as filter ventilation and smoking behaviour. As a result of this experience and evidence, the presentation of TNCO-values on tobacco packages was discontinued under TPD2.

Chapter 6. Novel, New and Modified Tobacco or Related Products

The market of available tobacco products is constantly changing, with new products and brands introduced, as well as modifications to existing brands through manipulation of tobacco blends, additives, papers, and other design components. Many new or modified products fall within the continuum of traditional combusted (cigarette, cigar, *bidis*) or non-combusted (moist snuff, *snus*, *toombak*) tobaccos that have been used for decades and whose health risks are well documented. However, a variety of novel tobacco products have also emerged in recent years. Examples include HTPs that use sophisticated electronics to control the generation of emissions *(60)*, as well as cigarettes with novel technologies, such as filter capsules to alter the delivery of flavours and/or emissions *(61)*. Tobacco-related products that do not contain tobacco but resemble tobacco products in terms of presentation and mode of use, such as electronic cigarettes/ENDS, shisha pens, herbal products and waterpipe steam stones, have become popular as well. Some of these tobacco-related products contain nicotine, while others do not. For example, ENNDS, which bear a close resemblance to ENDS, do not contain nicotine.

The aim of this chapter is to provide guidance on options for regulating novel, new, and modified TRPs. As indicated in Chapter 1, WHO FCTC obligations apply in respect of all tobacco products, including HTPs. Additionally, countries have adopted different approaches in determining which products they consider to be subject to tobacco regulation. This chapter considers a basic framework for relating novel, new, and modified products to traditional tobacco products. Second, it discusses the importance of surveillance and reporting to identify and track novel, new and modified TRPs. Third, it considers the unique health and population risks of novel, new and modified TRPs and possible approaches to evaluating these products. Recommendations for policy makers are provided based on these considerations and the current state of knowledge regarding these products. It should be kept in mind that regulatory approaches may be different when it comes to the classification or categorization of products and the devices that are used to consume it (e.g. pipe, shisha pen, waterpipe). Therefore it is important to clearly specify the scope of a regulatory framework and the definitions used.

Relevant COP decisions include FCTC/COP7(14) (Further development of the partial guidelines for implementation of Articles 9 and 10 of the WHO FCTC) which invited WHO (1) to continue to monitor and examine market developments and usage of novel and emerging tobacco products, such as heated tobacco products and (2) to identify, in synergy with other WHO FCTC work on implementation/capacity building, approaches and strategies to build capacity for Parties wishing to monitor market characteristics and trends through registration, licensing or notification, as well as reporting on tobacco products in order to inform policy-making.

6.1 What are novel, new or modified TRPs?

Categorization of tobacco products can be useful to determine which regulatory frameworks or provisions apply, and whether new or additional regulation is needed. WHO identifies new or novel products as tobacco products that employ new or unconventional technology, such as vaporization of tobacco into the lungs or menthol pellets in the cigarette filter; products that have been on the market for a limited period of time or are newly introduced in a given country; and/or products which have been or could be marketed with claims of reduced risk *(62)*.

The EU's TPD2 *(17)* defines novel tobacco products as tobacco products which do not fall into any of the categories defined by TPD2: cigarettes, RYO tobacco, pipe tobacco, waterpipe tobacco, cigars, cigarillos, chewing tobacco, nasal tobacco or tobacco for oral use and placed on the market after 19 May 2014. In addition, TPD2 provided the first comprehensive regulatory framework for ENDS. In the USA, new tobacco products include all products not yet on the market before a certain date, regardless of novelty in their design.

For the purposes of developing a regulatory approach, it may prove useful initially to distinguish new products according to their relative degree of difference from traditional combusted or non-combusted tobacco products. This should not imply that the degree of difference will be directly related to anticipated health risks and/ or product toxicity, attractiveness, or addictiveness. Rather, it places a burden of greater regulatory scrutiny on products for which the health risks and related outcomes have the highest degree of uncertainty. Note that there are no clear delineations between the proposed categories below, and policy-makers should consider setting as strict boundaries as possible in developing definitions while considering their specific regulatory framework.

1. Novel TRPs. These include new TRPs and/or new categories of TRPs with a mechanism for delivery that differs from established tobacco products, resulting in significant differences in product content, design, and emissions. Examples may include HTPs and dissolvable tobacco.

2. Novel technologies. These consist of new technologies that are integrated within the design of existing tobacco products with potentially significant changes to product toxicity, addictiveness, or attractiveness. Examples include application of flavour filter capsules or genetically modified tobacco (resulting in e.g. very high/very low nicotine content tobacco) to cigarettes.

3. New or modified tobacco products. These describe any new tobacco product that uses technologies and design that may be considered equivalent to that of other established tobacco products; and/or any minor modification to an existing tobacco product, such as a change in additive composition, tobacco blend, or cigarette paper.

WHO FCTC obligations apply in respect of all tobacco products, including product categories such as HTPs. All products deemed to be legally tobacco products by a country should be subject to appropriate policy and regulatory measures. In the case of novel, new or modified TRPs, it may be necessary or desirable to consider the need for additional regulations addressing the specific challenges posed by these products. For novel TRP (category 1) and novel technology (category 2) products, this may include consideration of the kinds of health claims permissible (if any), or differences relative to other existing tobacco products in how these products may be marketed or sold.

If regulations have already been implemented for existing tobacco products, these may be sufficient to cover new or modified (category 3) tobacco products, or it may be desirable to establish regulatory barriers or require premarket approval before the introduction of any product changes (see Case Study 8). Local or regional context must also be considered: an existing product that is recently introduced or popularized in a country or region (e.g. smokeless tobacco or waterpipe tobacco) may effectively be considered a new or modified product in that country or region, with patterns of use or health risks that may differ significantly from those in the country or region of origin.

Case study 8: USA—authorization regimes for different product categories

Under the United States Family Smoking Prevention and Tobacco Control Act, manufacturers must receive an authorization to sell prior to the introduction of any new product to the market, and any new product that is not substantially the same as already existing products (substantial equivalence) is not permitted. Manufacturers must also report all modifications to ingredients, additives, components, and materials (e.g., paper porosity) of current products, recognizing that changes to these components could raise public health questions different to or over that of an existing product *(63)*.

New products which do not meet the necessary criteria for substantial equivalence to an existing product can seek regulatory authorization through other mechanisms. The first, called premarket authorization, is an evaluation to determine whether marketing of the new product is "appropriate for the protection of public health" *(64)*. ENDS are considered under this mechanism. Premarket authorization requires a more comprehensive and thorough assessment of health impact(s) compared to substantial equivalence. Critically, approval is not based on the risks of the product in isolation (considered by itself) but by comparison to and in the context of pre-existing, harmful tobacco products.

A second regulatory mechanism is available to manufacturers seeking to have their products classified as "modified risk tobacco products" (MRTPs), defined as tobacco products that are sold or distributed to reduce harm or the risk of tobacco-related disease associated with commercially marketed tobacco products. MRTPs are evaluated in terms of whether modified risk claims are supported by the submitted data *(65)*.

6.2 How do you identify novel, new or modified TRPs in your market?

Given the potential health risks of novel, new or modified TRPs, including the possibility that these products can serve as gateways to the use of other harmful tobacco products, it is important for health authorities to closely monitor the introduction and sale of new and novel products in their markets *(62)*. This can be accomplished by ongoing surveillance, as well as requirements for reporting, as described below.

Surveillance enables health authorities to be informed in a timely fashion of new developments in the availability or marketing of TRPs, as well as consumer attitudes and behaviour, and prevalence of use. Surveillance can be conducted on a formal basis through development of a single or ongoing survey mechanism by the health authority, or in coordination with universities or other research organizations. Market or sales data may also be available publicly or for purchase at the local or regional level to assess product consumption, or may be required by reporting mechanisms (see below). Informally, surveillance can also include searches of published literature, websites, patent literature, trade journals, and social media.

According to WHO TobReg *(66)*, the aim of surveillance should not only be to identify new and novel products but also to assess the likelihood that such products will gain market share.

Reporting refers to the direct disclosure by manufacturers of product information, including the contents, design features and emissions of products to the health authority as recommended in accordance with Article 10 of the WHO FCTC (see Chapter 2). Reporting requirements should inform health authorities when new tobacco products have been introduced to the market, and in most cases, should include sufficient information to enable health authorities to determine whether new products are equivalent to other tobacco products on the market, or whether they raise specific questions of content, design, or emissions sufficient to classify them as novel TRPs (category 1) or as introducing novel technologies (category 2). Note that information provided by industry must generally be verified by tobacco industry independent assessors and/or reference laboratories (see Chapter 7). Methods developed and validated by WHO TobLabNet may be suitable for monitoring and regulating the contents and emissions of novel, new or modified TRPs and for some subject to modification, following method assessment.

Given that novel TRPs or products with novel technologies can differ substantially from existing tobacco products, health authorities may want to consider including specific pre-market notification obligations in their reporting requirements. For example, the EU's TPD2 provisions require manufacturers to notify competent authorities six months before a novel tobacco product is placed on the market. The notification must include a detailed description of the product, instructions for its use, information on ingredients and emissions, and available scientific and market studies relevant to the evaluation of its toxicity, addictiveness and attractiveness, and population health impact, such as consumer preferences, risk-benefit and expected impacts on cessation and initiation. Member States may also request additional information or testing, may introduce a system for the authorisation of these products and may charge proportionate fees for that authorization. Like other tobacco products, novel tobacco products have to comply with the relevant provisions of TPD2. Moreover, promotional elements including health claims are prohibited for novel tobacco products. Data on sales volume are required once the product has been introduced.

For existing products, TPD2 provisions require that industry shall inform Member States if the composition or design of a product is modified in a way that affects the information provided under TPD2, i.e. with regard to their ingredients and emission levels. This applies for instance to modifications to the product composition such as to the filter, paper, tobacco or additives used.

6.3 How do you evaluate novel TRPs and "reduced risk" products?

If deemed necessary based on market developments (e.g. rapid increase in popularity) or other information, health authorities may decide to evaluate a novel, new or modified TRPs to assess likely health outcomes. However, the degree to which the product differs in design or use from existing tobacco products will increase the need for individual and/or population-based risk assessment. An evaluation may also be necessary to assess whether current regulations are sufficient to address the potential risks posed by the product and/or whether additional measures should be implemented. In most jurisdictions current regulations do not (completely) cover all novel TRPs as some may not fit well in any existing regulatory category. Furthermore, some novel TRPs may have effects or implications that are not encountered with existing tobacco products, such as electrical safety for electronic cigarettes. Thus, it must be determined in each case which aspects of these products could be potentially regulated to benefit individual and public health.

Many of the priorities in assessing novel TRPs will mirror those applied to evaluation of existing tobacco products: their relative and absolute toxicity, their attractiveness among specific target groups, and their potential to support addiction. These aspects of the product will need to be considered not only with respect to the product itself, but also in relation to the pre-existing tobacco products market, considering potential confounding factors such as recruitment of new users or user groups, potential for relapse among former tobacco users, and dual (or poly) use of both novel TRPs and existing tobacco products. For instance, whereas electronic cigarettes/ENDS are generally considered to be less harmful for a smoker than a tobacco cigarette, effects at the population level are not yet clear.

On the one hand, electronic cigarette/ENDS use is increasing among young people in some high-income countries, such as the USA *(67)*, and some research suggests they may serve as a gateway to the use of other tobacco products *(67, 68)*. On the other hand, studies indicate that they may be an effective smoking cessation tool *(69, 70)*. Unfortunately, sufficient information is often not available to make a complete assessment of the impact on public health. These uncertainties, together with country-specific circumstances and political views, have led different countries to pursue opposing policy options ranging from an outright ban on their sale and/or importation (e.g. in Brazil, Singapore, Thailand, Uruguay and Venezuela (Bolivarian Republic of)) to promotion as a tool for lowering smoking prevalence.

Many novel TRPs have been marketed and/or perceived as harm reduction or reduced risk products despite a lack of independent scientific evidence. Implicit or explicit health claims may warrant more stringent evaluation insofar as health claims may themselves be used to increase product attractiveness and minimize the health concerns that would act as barriers to use.

Comprehensive assessment of toxicity generally encompasses measures of toxicants in content and emissions, measures of biomarkers of exposure, measures of biomarkers of effect (i.e. disease outcomes), and measures of use and perception in clinical trials. For example, guidelines for suitable test paradigms and specific tests to inform on additive-induced toxicity, addictiveness, and attractiveness can be found in the EU Scientific Committee on Health, Environmental and Emerging Risks (SCHEER) report *(71)* and in other scientific advisories *(72, 73, 74)*. These guidelines and testing paradigms are not only limited to assessing individual compounds but are also adaptable to assess the contents and emissions of TRPs. For regulations specifically aimed at nicotine-containing products, there is a risk that products may appear on the market with nicotine-analogues or other addictive compounds. WHO TobReg has also published detailed recommendations on methods and protocols necessary to assess novel TRPs, including post-market surveillance and monitoring of design features, contents and emissions of novel products over time *(66)*. Data collection that may prove necessary to support the evaluation of novel TRPs include the following:

- description of the product (composition, physical parameters, design features, package);
- marketing and promotion;
- cost relative to that of other tobacco products;
- awareness and perception of the product;
- prevalence and patterns of use, including use with other products;
- reasons for use;
- uptake by young people and whether uptake leads to use of other tobacco products;
- groups targeted for use, such as young people, women and populations with co-morbid medical and mental disorders;
- development and severity of dependence;
- behavioural measures (e.g. topography); and
- exposure to nicotine and/or other addictive compounds.

Unfortunately, sufficient information may not be available to make a full assessment of all factors at the individual and population level. Modelling of factors using optimistic and pessimistic scenarios could be a useful tool when faced with many unknowns *(75)*. Recent efforts to assess relative risks of electronic cigarettes/ENDS and HTPs, as compared with tobacco cigarettes, have been based on summations of cancer risk indices of smoke emissions *(76)*, simple counting of the number of emissions in levels higher than a guideline level *(77)*, or expert judgement using multi-criteria decision conferencing *(78)*.

6.4 How do you regulate novel, new and modified TRPs?

Regulation of tobacco products as described in Articles 9 and 10 of the

WHO FCTC extends to all tobacco containing products, including all novel tobacco products, and those tobacco products marketed by the industry as reduced risk. WHO TobReg further advises that all TRPs, including tobacco-containing and non-tobacco-containing products, that could aid or limit smoking cessation, lead to initiation and addiction, or result in maintenance of smoking through dual or poly use, should be regulated to maximize any benefits and minimize harm *(66)*. Health authorities will need to collect data, adopt evaluation tools, and consult independent evaluators and researchers to make science-based decisions on the risks of novel, new and modified TRPs, and assess potential effects on toxicity, addictiveness, and attractiveness for the individual users and the population. The availability of global data on products can assist with this evaluation, although product and social or contextual differences may exist across countries or regions, which must be taking into consideration when assessing these products.

Countries should consider requiring notification to the health authority of any TRPs intended to be sold or marketed. This will allow the health authority to be aware of any form of new or novel TRP that is to be placed in the market, enable surveillance and control over such products and the setting of a national database on the availability of TRPs for future regulatory settings. Countries may consider requiring a registration fee to cover the cost of the notification.

Appropriate regulatory strategies for novel, new or modified TRPs will differ based on evaluation of their potential risks and benefits. The classification of products according to categories of novel TRPs (category 1), novel technologies (category 2), and modified tobacco products (category 3) provides an initial framework for developing a regulatory approach (see Fig. 6). New products with minor modifications, such as the use of additive(s) or blend formulations, are unlikely to have significant health benefits, and should be regulated in a manner consistent with other existing products, or potentially restricted through defined regulatory hurdles as in the United States. Existing products incorporating novel technologies may have either risks or benefits, or both. For example, flavour capsules are being used to increase the attractiveness of cigarettes, whereas cigarettes made from very low nicotine content tobacco may potentially support a reduction in population harm by reducing the addictiveness of products. Thus, products and technologies will need to be reviewed on a case-by-case basis and regulated accordingly.

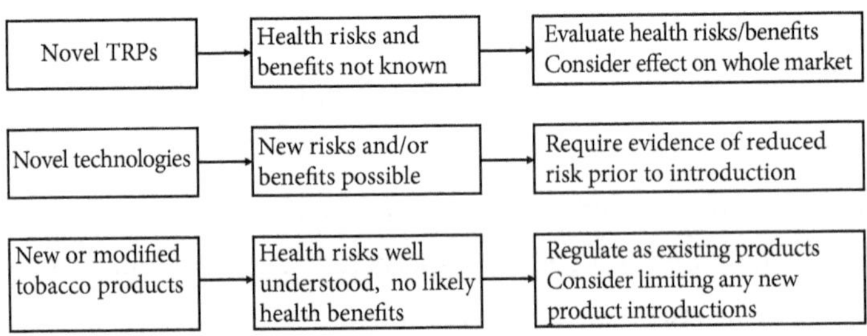

Fig. 6. Regulatory strategies based on proposed classifications of new, novel, and modified tobacco and related products

Novel TRPs (category 1) represent the greatest uncertainty with respect to potential risks and benefits, and the greatest challenge with respect to evaluation. For these reasons, approaches to regulating novel TRPs have differed widely. Between these extremes are a range of potential options, such as clearly defined channels to market entry, or product access restricted to specific target groups.

It is important to consider options for the regulation of novel TRPs at an early stage, even if the products have not achieved a high market share and regulation does not yet seem to warrant a high priority, since it cannot be easily predicted which products will gain significant market share or impact the market, as for example in the case of the shisha pen. If a novel TRP is more toxic, attractive, or addictive compared with existing products, and has no obvious public health benefits, parties should consider regulations, restrictions or an outright ban on the introduction of these products. Determination of what and how to regulate will be dependent on the priorities and situation of the regulating country.

For countries where novel TRPs are permitted, health authorities should at a minimum:

- require mandatory notification of any novel tobacco products prior its marketing/retail at local market;
- assess the potential effects of the product on toxicity, addictiveness, and attractiveness for individual users and the population (data delivered by industry via reporting obligations can be helpful in this respect, but independent verification is needed);
- implement validated WHO TobLabNet methods for monitoring and regulating the contents, design features and emissions of these products;
- levy costs on the tobacco industry for registration of products and of verification measurements, analysis and publication of data to tobacco industry;
- conduct post-market monitoring of use and health outcomes, and re-evaluate with the possibility to adapt legislation or ban the

product if new health concerns are raised;

- provide adequate risk communication messages to the public, while avoiding the trap of increasing public knowledge of the products on behalf of the tobacco manufacturers;
- consider the possibility of message diversification in the case of potential harm reduction products, and/or legislation, in line with the fact that nicotine is delivered through products that represent a continuum of risk, and is most harmful when delivered through combusted products *(21)*, while avoiding creating an overall impression that other tobacco products are without risk; and consider the circumvention potential of such products: allowing the use of these products in places where smoking is prohibited may undermine tobacco control policies aimed at de-normalizing tobacco consumption, as well as protecting against exposure to tobacco consumption.

As is mentioned above, WHO FCTC obligations apply in respect of all tobacco products, including HTPs. This means that the full range of WHO FCTC legal obligations are applicable to HTPs.

In the context of ENDS, WHO recommends that governments:

- prohibit or regulate ENDS/ENNDS, including as tobacco products, medicinal products, consumer products, or other categories, as appropriate, taking into account a high level of protection for human health;
- prohibit manufacturers and third parties from making health claims for ENDS, including that ENDS are smoking cessation aids, until manufacturers provide convincing supporting scientific evidence and obtain regulatory approval;

- prohibit the use of ENDS in public enclosed spaces, especially where smoking is banned effectively restrict advertising, promotion and sponsorship of ENDS;
- protect regulators from vested commercial interests;
- effectively regulate product design and information;
- use health warnings;
- strengthen existing tobacco surveillance and monitoring systems; and prohibit sale of ENDS to minors.

Note that in some cases, regulations may need to be clarified to include both the device and its intended filler, e.g. for an electronic cigarette/ ENDS and its liquids, for an HTP and its fillers, such as heat sticks, and for a waterpipe and its tobacco or herbal filling. Regulation of devices may include heating elements, such as waterpipe coals, functional elements such as the battery, wick, and compartment, and aspects of physical appearance such as colour or shape. Regulation of fillers could extend to their composition, nicotine content, and flavour, as well as package, warning labels, and other marketing. Given that many different types of fillers can be used in a single device, defining product emissions may present a regulatory challenge. For waterpipe, the many different types of coals that can be used present a similar problem. Clear regulatory distinctions between products and categories of products and clear definitions of products and components are critical to support effective regulation.

In regulating novel TRPs and other new products, health authorities should be prepared for resistance from the tobacco industry. If such regulations are extended to non-tobacco products such as electronic cigarettes/ENDS, the scope of resistance may expand to new action groups, and indeed, associations of electronic cigarette/ENDS users are already active in several countries. Smuggling and/or illicit sale of novel TRPs following restrictions or bans may prove similar to that of traditional tobacco products.

Case study 9: Germany—Successful ban on menthol capsules by demonstrating that capsules increase product attractiveness

Flavour capsules are a recent tobacco industry technology in which capsules containing a liquid flavouring agent (most commonly menthol) are embedded in the cigarette filter. A smoker crushes the capsule to release the flavour which is then inhaled together with the smoke.

In 2012, the German Cancer Research Centre (GCRC) issued a comprehensive document on the attractiveness of menthol capsules in cigarette filter *(79)*, including data demonstrating that the industry uses the menthol released in flavour capsules to mask the harshness of tobacco, facilitate inhalation of smoke, and give an overall impression of reduced harm, and that the use of menthol cigarettes is common among new smokers. The GCRC recommended maintaining the prohibition of capsuled tobacco products (menthol and others) in Germany, and the banning of ingredients that increase the attractiveness of tobacco products. These provisions were implemented within the context of TPD1.

In the same year, a tobacco company filed an application to sell cigarettes with menthol capsules with the relevant health authority, the Federal Office of Consumer Protection and Food Safety. Following review, the authority rejected the application on public health grounds. The tobacco company appealed this decision, which was dismissed by the Administrative Court in September 2012 *(80)*.

In its decision, the Court stated that "even in the absence to date of studies showing that the menthol contained in capsule cigarettes further increases the health hazards of the individual cigarette, existing findings do suggest that cigarettes equipped with flavour capsules are more hazardous than conventional cigarettes. Marketing of the cigarette product developed by the claimant violates the principles of tobacco control laid down, among others, in the WHO FCTC. According to the convention, the attractiveness of tobacco products should not be further increased by novel technologies." Since introducing cigarettes with flavour capsules makes smoking more attractive, the court confirmed the Federal Office's decision to reject the application for menthol capsules.

The use of flavourings in any components of tobacco products, such as capsules, has been prohibited in the EU under TPD2.

Chapter 7. Testing and Disclosure

Articles 9 and 10 of the WHO FCTC *(1)* require Parties to adopt standards that govern tobacco product testing and the disclosure of information on tobacco product content and emissions. The disclosure of product information takes two forms:

- the disclosure of information by manufacturers to health authorities; and
- the disclosure of information from health authorities to the public.

Product testing is used to generate the data necessary to support both forms of disclosure. Further elaboration of these requirements, as defined in the Partial Guidelines *(4, 27)*, is provided in Chapter 2. Tobacco product testing and disclosure measures provide health authorities with knowledge that can be used to evaluate current policies and to develop and implement new or expanded policies, activities and regulations. This knowledge may also be used to inform the public, in a comprehensible manner, about the properties, components, and associated or potential risks or effects of the products, including the addictive nature of tobacco products and the harmful effects of exposure to and use of these products. Thus, the overall aim of testing and disclosure is to assist tobacco control efforts that advance public health.

This chapter is intended to assist health authorities by outlining what testing and disclosure measures may entail, raising practical considerations for implementation, and identifying ways to offset costs. Tobacco product testing and disclosure are of greatest benefit to health authorities when they are made an integral component of a comprehensive tobacco control strategy, directly supporting clearly identified policy objectives, and with adequate resources to support defined aims.

7.1 What is tobacco product testing?

Some information, which health authorities request from manufacturers on tobacco products, can only be obtained by laboratory testing. Laboratory product testing is a repetitive examination of the chemical substances, physical parameters, and other measurable characteristics of the product, relying on standardized methods. In some cases laboratory testing may require little or no specialized knowledge or equipment (e.g. measures of weight, length, circumference), while other testing may be costly, labour intensive and/or require significant expertise.

Laboratory testing is not the only means to obtain information about tobacco products. Some types of information, such as sales data, can be provided by the industry without prescribed testing. Disclosure of ingredient formulas, design specifications, performance or quality assurance standards used to guide manufacturing, or information provided by suppliers (e.g. paper, adhesive, or flavour manufacturers) can provide valuable information about the composition of the product and should also be obtainable without the need for testing. An important limitation is that this information relates to the production of the product and not to the product as it is consumed. Processes, such as fermentation, evaporation, heat treatment, or chemical reaction may significantly alter product ingredients between the time they are added and the time the product is ready for sale. In the case of combusted products, this information is further limited by the changes that occur during combustion and generation of smoke emissions.

Who conducts testing?

The burden of testing to support the disclosure of information on product content, design and emissions should fall on manufacturers. This means that manufacturers should be required to fund testing, whether conducted by the manufacturer or a contracted laboratory. Further recommendations by the COP to the WHO FCTC *(27)* on requirements for the laboratory responsible for testing are described in Chapter 2. Regulations on testing should empower the health authority to specify the form and manner appropriate for submission of data (see below), and should provide sufficient flexibility to alter the scope of testing and disclosure requirements as scientific research is advanced.

In addition to mandated disclosure testing as described above, additional testing can be performed by health authorities using their own laboratory or an independent (contracted) and duly accredited laboratory. This route may be adopted to verify the data provided by industry (see below), or when the health authority chooses to collect information that falls outside the testing requirements imposed on the industry by regulations.

Frequency and scope of testing

Countries should mandate the reporting of testing results at established intervals, for example every year, on all products marketed within a country, including those manufactured locally, imported and where relevant, exported. This will equip health authorities with information that can be used to effectively support tobacco control and regulation in that country; for example, by identification of products with significant changes in contents, design or emissions or that raise concerns with respect to levels of toxicants or product additives.

Compliance or verification testing should be conducted separately on a random sample of brands by the health authority's own or an independent (contracted) and duly accredited laboratory, and can be less frequent. The purpose of verification testing is to ensure the reliability of data provided by industry (see below).

What to test?

Laboratory testing should encompass, but is not limited to, aspects of tobacco product contents, design features, and emissions that have been identified as affecting product toxicity, attractiveness, or addictiveness. Given that there are numerous toxic, attractive and addictive substances contained in tobacco products and their emissions, health authorities may wish to prioritize substances that pose clear health risks depending on the type of tobacco products found in the market. For example, several national authorities require testing of the nicotine content or emission of tobacco products due to its primary role in addiction.

WHO TobReg has provided guidance on priority substances for testing and monitoring, as described below. With respect to the contents and emissions on cigarette tobacco, COP3 *(81)* shortlisted the following chemicals and toxicants as priorities.

Contents

- Nicotine

- Ammonia
- Humectants (glycerol, propylene glycol and triethylene glycol).

Emissions

- Nicotine
- Carbon monoxide
- Benzo[a]pyrene
- Aldehydes (formaldehyde, acetaldehyde and acrolein)
- Volatile organics (1,3-butadiene and benzene).

Methods for the above priority chemicals and toxicants, identified as WHO TobLab-Net Standard Operating Procedures (SOP), have been validated by WHO TobLabNet and are available on the WHO/TFI website *(82).*

At COP6 *(62)*, an expanded list of 39 toxicants was identified for testing in tobacco products as provided in the following table (38 toxicants were noted in the original report, with arsenic later added).

Acetaldehyde	Acetone	Acrolein	Acrylonitrile
1- Aminonaphthalene	2-Aminonaphthalene	3-Aminobiphenyl	4-Aminobiphenyl
Ammonia	Arsenic	Benzene	Benzo[a]pyrene
1,3 Butadiene	Butyraldehyde	Cadmium	Carbon monoxide
Catechol	m-+p-Cresol	o-Cresol	Crotonaldehyde
Formaldehyde	Hydrogen cyanide	Hydroquinone	Isoprene
Lead	Mercury	nicotine	nitric oxide
N-nitrosoanabasine	N-nitrosoanatabine	4-(methylnitrosamino)-1-(3-pyridyl)-1-butanone (NNK)	N'nitrosonornicotine (NNN)
nitric oxide (no)	Phenol	Propionaldehyde	Pyridine
Quinoline	Resorcinol	toluene	

Methods for the expanded list of toxicants are available on the WHO/TFI website *(82)* and further discussion can be found in the fifth report of the WHO TobReg *(66).*

Addressing the reliability of laboratory results

Accuracy and precision of laboratory results submitted by industry is of importance to health authorities. To this end, the Partial Guidelines on Articles 9 and 10 of the WHO FCTC recommend that laboratories used by the industry for the purposes of disclosure to health authorities be accredited in accordance with International Organization for Standardization (ISO) Standard 17025 (General requirements for the competence of testing and calibration laboratories), by a recognized accreditation body, usually the national accreditation body of the country in question. To be ac-credited, these laboratories must have trained and competent staff that can follow procedures that are sensitive, selective and accurate. The analytical methods used for testing products must also be within the laboratory's scope of accreditation. For example, if a laboratory is accredited to test compound A, it does not necessarily mean that it can competently test compound B as this would fall outside the scope of the laboratory's accreditation.

In cases where laboratory accreditation is not an available option, the health authority may consider verifying the data collected from industry laboratories using confirmatory testing conducted by its own (government) laboratory, or by a tobacco industry independent (contracted) laboratory. For this task, authorities may also wish to contract only with tobacco industry independent laboratories that are ac-credited to ISO 17025 Standard or its equivalent.

Sampling and storage of tobacco products

Regulations for testing should include a provision setting out the sampling procedure, the number of products to be sampled and the frequency of sampling. For example, samples could be collected from a range of manufacturers, importers or retailers to ensure that the product tested is representative of the product available and in a manner that reflects the domestic tobacco market structure. In addition, rules should be adopted about the storage and preparation of tobacco products for testing. This is important as storage conditions can result in changes in product constituents, such as tobacco-specific nitrosamines (*5*).

Infrastructure for the collection and evaluation of data

Effective disclosure requires development of an infrastructure capable of maintaining and evaluating the data received. To facilitate disclosure, health authorities should articulate standard reporting and submission procedures that facilitate a streamlined data collection process and allow for comparisons across brands and regions and over time. Electronic data collection is recommended and the system for data collection should be designed to facilitate both validation and analysis. The manufacturer should submit an attestation to the validity of the data and should be held accountable if the data is found to be unreliable, incomplete or inaccurate.

7.2 Why is it important to test tobacco products?

Tobacco product testing and disclosure enable health authorities to evaluate compliance with legislation, to build intelligence on products, to monitor products and product changes, to assess the effects of regulation or the effectiveness of testing/ disclosure requirements and to inform future regulation. Thus, testing and disclosure provide support for many other forms of product regulation. Similarly, regulatory compliance testing applies to all consumer products, and tobacco products should not be exempted from this approach.

Monitoring the market

The results of industry testing and disclosure (i.e. information about products) can inform authorities about existing and new health risks and support the development or revision of regulations, by:

- identifying and monitoring products on the domestic market and changes in the market such as the introduction of new product styles or categories;
- identifying high risk products and supporting the development of product standards; and
- supporting comparisons of domestic data with global or published product data to identify outliers or areas of concern with respect to product toxicity, attractiveness or dependence inducement.

Results may also help authorities assess tobacco industry claims about their products, evaluate the public health impact of regulations, and shape effective public messaging about the addictiveness and toxicity of tobacco products.

Monitoring for compliance

Health authorities may wish to test samples of tobacco products for compliance with a product standard, where such a standard has been adopted. For example, where a country has adopted standards that prohibit the use of menthol (a flavouring substance), the authority may put in place a programme to monitor industry compliance with that standard.

This will enable the authority to act quickly to remove products from the market that are not compliant with regulation. The Partial Guidelines on Articles 9 and 10 of the WHO FCTC recommend that laboratories used for compliance monitoring purposes should be either government laboratories or independent (contracted) laboratories that are not owned or controlled – either directly or indirectly – by the tobacco industry. Further, such laboratories should be accredited as detailed above.

testing for research purposes

Testing for research purposes is sometimes carried out by health authorities to increase their understanding of the composition of tobacco products or of how products behave under certain conditions. This research may also be used to inform and/ or educate the public regarding potential health concerns. Health authorities may choose to use their own laboratory or a tobacco industry independent (contracted) laboratory so they can look at a specific research question, such as the introduction of filter capsules into the market by a tobacco company. Research by health authorities can also extend to population health surveillance, and/or *in vitro* testing or human subjects (e.g. biomonitoring). These forms of testing will require additional knowledge, capacity and resources.

7.3 How should tobacco product information be reported to the public?

Disclosing information to the public about the nature of tobacco products, including their toxic constituents and emissions, can help raise awareness of the health consequences, toxicity, attractiveness, the addictive nature of the products and the mortal threat posed by tobacco use and exposure to tobacco emissions. Caution should be exercised as inappropriate or ineffective disclosure could be a source of confusion and result in more harm to public health. An example is the use of TNCO labelling on cigarette packages, which have been misinterpreted as describing relative risk among products, as described in Case Study 7.

Disclosure to the public does not only mean the release of information. Rather, it means that information should be structured in such a way that the public can understand the information disclosed and make the best use of it. An excellent example can be found on the United States FDA web page: Chemicals in Cigarettes: From Plant to Product to Puff. *(83)* It is suggested that health authorities consult with other countries and experts to identify potential challenges in reporting information to the public and identify best practices regarding dissemination of reported data and health/risk communication.

7.4 What resources do you need to support tobacco product testing?

Requiring the tobacco industry to test tobacco products as a condition of sale should provide reliable and comprehensive information on the products' contents, design features and emissions, at a low cost to government.

At the same time, operating a testing and disclosure programme may require that new infrastructure be set up to identify the specific testing and disclosure measures to implement, and to receive the reports and oversee their quality, completeness and accuracy. Where industry violates the rules, there must be capacity to request compliance or penalties for non-compliance. Enforcement action may also be needed. Operating such a programme may also require the allocation of significant resources by health authorities.

To reduce the burden on governments, costs related to testing and disclosure could be charged to the tobacco industry through a cost-recovery mechanism.

Some options for funding sources include:

- designated tobacco taxes
- tobacco manufacturing and/or importing licensing fees
- tobacco product registration fees
- licensing of tobacco distributors and/or retailers
- non-compliance fees levied on the tobacco industry and retailers
- annual tobacco surveillance fees (tobacco industry and retailers).

> Comprehensive information on available resources and cost-recovery mechanisms, as well as detailed technical information on the steps to develop and make effective use of a country's own tobacco product testing capacity, can be found in: *Tobacco product regulation – building laboratory testing capacity (5)*. This is a separate report which complements the tobacco product regulation handbook, providing an overview of laboratory testing including:
>
> - why testing is important
> - what to test
> - who should test
> - where to test
> - how to test
> - when to test
> - how to use generated data
> - available resources to support countries.

References

1. WHO Framework Convention on Tobacco Control. Geneva: World Health Organization; 2003 (http://apps.who. int/iris/handle/10665/42811, accessed 10 August 2018).
2. Decisions, Conference of the Parties to the WHO Framework Convention on Tobacco Control, First Session. Geneva: World Health Organization; 2006 (http:// www.who. int/fctc/cop/sessions/first_session_cop/en/, accessed 8 August 2018).
3. Decisions, Conference of the Parties to the WHO Framework Convention on Tobacco Control, Second Session. Geneva: World Health Organization; 2007 (http:// www. who.int/fctc/cop/sessions/second_session_cop/en/, accessed 8 August 2018).
4. Partial Guidelines for Implementation of Articles 9 and 10 of the WHO Framework Convention on Tobacco Control. In: World Health Organization [website]; 2010 (http:// www.who.int/fctc/guidelines/Guideliness_Articles_9_10_rev_240613.pdf?ua=1).
5. Tobacco product regulation: building laboratory testing capacity. Geneva: World Health Organization; 2018 (http://apps.who.int/iris/handle/10665/260418, accessed 8 August 2018).
6. The scientific basis of tobacco product regulation: report of a WHO study group. Geneva: World Health Organization; WHO Technical Report Series, No. 945.; 2007 (http:// www.who.int/tobacco/global_interaction/tobreg/who_tsr. pdf, accessed 9 August 2018).
7. The economics of tobacco and tobacco control: executive summary. Bethesda (MD) and Geneva: United States Department of Health and Human Services, National Institutes of Health, National Cancer Institute and World Health Organization; 2016 (National Cancer Institute Tobacco Control Monograph 21; https://cancer-

control.cancer.gov/brp/tcrb/monographs/21/docs/m21_exec_sum. pdf, accessed 9 August 2018).

8. Benowitz NL, Hukkanen J, Jacob P III. Nicotine chemistry, metabolism, kinetics and biomarkers. Handb Exp Pharmacol. 2009; 192:29–60. doi:10.1007/978-3-540-69248-5_2.
9. A report of the Surgeon General: how tobacco smoke causes disease: what it means to you (consumer booklet). Atlanta (GA): United States Department of Health and Human Services, Centers for Disease Control and Prevention; 2010 (https://www.cdc.gov/tobacco/data_statistics/sgr/2010/consumer_booklet/pdfs/consumer.pdf, accessed 9 August 2018).
10. Rodgman A, Perfetti TA. The chemical components of tobacco and tobacco smoke. Boca Raton: CRC Press, Taylor & Francis Group; 2009.
11. Hecht SS. Research opportunities related to establishing standards for tobacco products under the Family Smoking Prevention and Tobacco Control Act. Nicotine Tob Res. 2012;14(1):18–28. doi: 10.1093/ntr/ntq216.
12. Hoffmann D, Hoffmann I, El Bayoumy K. The less harmful cigarette: a controversial issue. A tribute to Ernst L. Wynder. Chem Res Toxicol. 2001;14:767–90 (https://pubs.acs.org/doi/abs/10.1021/tx000260u#, accessed 9 August 2018).
13. Some non-heterocyclic polycyclic aromatic hydrocarbons and some related exposures. Lyon: International Agency for Research on Cancer; 2010 (IARC Monographs on the Evaluation of Carcinogenic Risks to Humans, Vol. 92; https://monographs.iarc.fr/wp-content/ uploads/2018/06/mono92.pdf, accessed 9 August 2018).
14. Wigand JS. Additives, cigarette design and tobacco product regulation: a report to World Health Organization, Tobacco Free Initiative, Tobacco Product Regulation Group, Kobe, Japan, 28 June–2 July 2006 (http://www.jeffreywigand.com/WHOFinal.pdf, accessed 9 August 2018).
15. Hoffman AC, Evans SE. Abuse potential of non-nicotine tobacco smoke components: acetaldehyde, nornicotine, cotinine, and anabasine. Nicotine Tob Res. 2013;

15:622– 32. doi: 10.1093/ntr/nts192.

16. Talhout R, Opperhuizen A, van Amsterdam J. Sugars as tobacco ingredients: effects on mainstream smoke composition. Food Chem Toxicol. 2006;44:1789–98 (https:// www.ncbi.nlm.nih.gov/pubmed/16904804/, accessed 9 August 2018).
17. Directive 2014/40/EU of the European Parliament and of the Council of 3 April 2014 on the approximation of the laws, regulations and administrative provisions of the Member States concerning the manufacture, presentation and sale of tobacco and related products. Official Journal of the European Union. 2014; L 127/1 (https:// ec.europa.eu/health/sites/health/files/tobacco/docs/ dir_201440_en.pdf, accessed 8 August 2018).
18. Directive 2001/37/EC of the European Parliament and of the Council of 5 June 2001 on the approximation of the laws, regulations and administrative provisions of the Member States concerning the manufacture, presentation and sale of tobacco products. Official Journal of the European Communities. 2001; L 194/26 (https:// ec.europa.eu/health/sites/health/files/tobacco/docs/dir200137ec_tobacco-products_en.pdf, accessed 8 August 2018).
19. Risk associated with smoking cigarettes with low machine-measured yields of tar and nicotine. Bethesda (MD): United States Department of Health and Human Services, National Institutes of Health, National Cancer Institute; 2001 (Smoking and Tobacco Control Monograph, No. 13; https://cancercontrol.cancer.gov/brp/tcrb/monographs/13/m13_complete.pdf, accessed 9 August 2018).
20. Burns DM, Dybing E, Gray N, Hecht S, Anderson C, Sanner T et al. Mandated lowering of toxicants in cigarette smoke: a description of the World Health Organization TobReg proposal. Tob Control. 2008;17(2):132–141. doi:10.1136/tc.2007.024158.
21. Gottlieb S, Zeller M. A nicotine-focused framework for public health. N Engl J Med. 2017; 377(12):1111–4 (https://www.nejm.org/doi/full/10.1056/NEJMp1707409, accessed 9 August 2018).
22. United States Food and Drug Administration. Tobacco product standard for

nicotine level of combusted cigarettes: a proposed rule by the Food and Drug Administration on 03/16/2018. Federal Register. 2018; 83 FR 11818 (https://www.federalregister.gov/documents/2018/03/16/2018-05345/tobacco-product-standard-for-nicotine-level-of-combusted-cigarettes, accessed 9 August 2018).

23. Donny EC, Denlinger RL, Tidey JW, Koopmeiners JS, Benowitz NL, Vandrey RG et al. Randomized trial of reduced-nicotine standards for cigarettes. N Engl J Med. 2015; 373(14):1340–9. doi: 10.1056/NEJMsa1502403.
24. Hatsukami DK, Zaatari G, Donny E. The case for the WHO Advisory Note, Global Nicotine Reduction Strategy. Tob Control. 2017; 26(e1):e29-e30.
25. WHO Study Group on Tobacco Product Regulation. Advisory note: global nicotine reduction strategy. Geneva: World Health Organization; 2015 (http://apps.who.int/ iris/handle/10665/189651, accessed 9 August 2018).
26. Decisions, Conference of the Parties to the WHO Framework Convention on Tobacco Control, Seventh Session. Geneva: World Health Organization, 2016 FCTC/COP7(14) (http://www.who.int/fctc/cop/cop7/Documentation-Decisions/en/, accessed 9 August 2018).
27. Further development of the partial guidelines for implementation of Articles 9 and 10 of the WHO FCTC. Report by WHO for the seventh session of the Conference of the Parties to the WHO Framework Convention on Tobacco Control. Geneva: World Health Organization; 2016 (FCTC/COP/7/9; http://www.who.int/fctc/cop/cop7/FCTC_COP_7_9_EN.pdf?ua=1&ua=1, accessed 9 August 2018).
28. Standard operating procedure for determination of nicotine in cigarette tobacco filler. Geneva: World Health Organization; 2014 (WHO TobLabNet SOP 4; http://www.who.int/tobacco/publications/prod_regulation/789241503907/en/, accessed 9 August 2018).
29. Panel Report, United States – measures affecting the production and sale of clove cigarettes. World Trade Organization; 2 Sept 2011. WT/DS406/R (https://ustr.gov/ sites/default/files/uploads/ziptest/WTO%20Dispute/ New_Folder/Pending/DS406.US_.As_.PnlQs1_.pdf, accessed 9 August 2018).

30. Appellate Body Report, United States – Measures Affecting the Production and Sale of Clove Cigarettes. World Trade Organization; 24 April 2012. WT/DS406/AB/R (https://www.wto.org/english/tratop_e/dispu_e/cases_e/ ds406_e.htm, accessed 9 August 2018).
31. Manual for developing tobacco control legislation in the Region of the Americas. Washington (DC): Pan American Health Organization; 2013 (https://www.paho.org/hq/ dmdocuments/2013/ENG-Tobacco-Manual-(For-Web14-May-2013).pdf, accessed 9 August 2018).
32. The Cigarettes and Other Tobacco Products (Prohibition of Advertisement and Regulation of Trade and Commerce, Production, Supply and Distribution) Act (COTPA). 2003. (Act No. 34 of 2003).
33. WHO study group on tobacco product regulation. Report on the scientific basis of tobacco product regulation: second report of a WHO study group. Geneva: World Health Organization, 2008. WHO Technical Series Report 951 (http://www.who.int/tobacco/global_interaction/tobreg/ publications/tsr_951/en/, accessed 9 August 2018).
34. West S, King V, Carey TS, Lohr KN, McKoy N, Sutton SF et al. Systems to rate the strength of scientific evidence. Evidence Report/Technology Assessment No. 47. Rockville (MD): Agency for Healthcare Research and Quality; 2002 (AHRQ Publication No. 02-E016; https://c.ymcdn.com/ sites/www.energypsych.org/resource/resmgr/imported/ Systems%20To%20Rate%20The%20Strength%20of%20 Scientific%20Evidence%20-%20AHRQ.pdf, accessed 9 August 2018).
35. Guidelines for implementation of Article 5.3 of the WHO Framework Convention on Tobacco Control. Geneva: World Health Organization (http://www.who.int/fctc/ guidelines/article_5_3.pdf, accessed 9 August 2018).
36. Adapted from UK government website accessed 24 October 2017.
37. Law No. 040-2010/Concerning Tobacco Control in Burkina Faso (as promulgated by Decree No. 2010-823).
38. WHO report on the global tobacco epidemic, 2017: monitoring tobacco use and

prevention policies. Geneva: World Health Organization; 2017 (http://apps.who.int/iris/handle/10665/255874 , accessed 9 August 2017).

39. Drope JM, editor. Tobacco control in Africa: people, politics and policies. London and Ottawa: Anthem Press and International Development Research Centre; 2011 (https://idl-bnc-idrc.dspacedirect.org/bitstream/handle/10625/47373/IDL-47373.pdf, accessed 9 August 2018).
40. Cork K. Leading from up north: how Canada is solving the menthol tobacco problem. St Paul (MN), Tobacco Control Legal Consortium; 2017 (http://www.publichealthlawcenter.org/sites/default/files/resources/tclc-Canadian-Menthol-Case-Study-2017.pdf).
41. Brown J, DeAtley T, Welding K, Schwartz R, Chaiton M, Kittner DL, Cohen JE. Tobacco industry response to menthol cigarette bans in Alberta and Nova Scotia, Canada. Tob Control. 2017; 26(e1): e71–e74. doi:10.1136/ tobaccocontrol-2016-053099.
42. Eurobarometer, Special Eurobarometer 458: attitudes of Europeans towards tobacco and electronic cigarettes. Brussels: European Commission; 2017 (https://data.europa.eu/euodp/en/data/dataset/S2146_87_1_458_ENG, accessed 12 August 2018).
43. Council Directive 90/239/EEC of 17 May 1990 on the approximation of the laws, regulations and administrative provisions of the Member States concerning the maximum tar yield of cigarettes. European Economic Council. 1990. Official Journal of the European Communities. 1990; L 137/36–37 (https://eur-lex.europa.eu/legal-content/EN/TXT/PDF/?uri=CELEX:31990L0239&from=EN, accessed 9 August 2018).
44. Council Directive 89/622/EEC of 13 November 1989 on the approximation of the laws, regulations and administrative provisions of the Member States concerning the labelling of tobacco products. European Economic Council. Official Journal of the European Communities. 1989; L 359:1–4 (https://publications.europa.eu/en/publication-detail/-/publication/c1508ccd-3f7a-4859-9529c4d2f1c8d457/, ac-

cessed 9 August 2018).

45. Council Directive 92/41/EEC of 15 May 1992 amending Directive 89/622/EEC on the approximation of the laws, regulations and administrative provisions of the Member States concerning the labelling of tobacco products. European Economic Council. Official Journal of the European Communities. 1992; L 158:30–33 (https://eur-lex.europa.eu/legal-content/EN/TXT/PDF/?uri=CELEX:31992L0041&-from=EN, accessed 9 August 2018).
46. First report on the application of the tobacco products directive. Brussels: European Commission; 2005 (http:// ec.europa.eu/health/ph_determinants/life_style/Tobacco/ Documents/com_2005_339_en.pdf).
47. Second report on the application of the tobacco products directive. Brussels: European Commission; 2007 (http:// ec.europa.eu/health/ph_determinants/life_style/Tobacco/ Documents/tobacco_products_en.pdf).
48. Eurobarometer, Special Eurobarometer 385: attitudes of Europeans towards tobacco. Brussels, European Commission; 2012 (https://ec.europa.eu/health/ sites/health/files/tobacco/docs/eurobaro_attitudes_ towards_tobacco_2012_en.pdf).
49. Commission staff working document - Impact assessment accompanying the document proposal for a Directive of the European Parliament and of the Council on the approximation of the laws, regulations and administrative provisions of the Member States. Brussels: European Commission. 2012 (https://eur-lex.europa.eu/legal-content/EN/ALL/?uri=SWD%3A2015%3A0264%3AFIN, accessed 9 August 2018).
50. Commission staff working document - Executive summary of the impact assessment accompanying the document proposal for a Directive of the European Parliament and of the Council on the approximation of the laws, regulations and administrative provisions. Brussels: European Commission. 2012.
51. Article 7.14 of Directive 2014/40/EU of the European Parliament and of the Council of 3 April 2014.
52. WTO Appellate Body, AB–2012–1, United States – Measures Affecting the Pro-

duction and Sale of Clove Cigarettes (DS406). World Trade Organization.

53. Agência Nacional de Vigilância Sanitária, ANVISA Resolution No. 14/2012, of 15 March 2012.
54. Sinditabaco v. ANVISA Decision No. 323-B/2012. Ninth Section of Federal Court of the Federal District, 2012.
55. Institute for Global Tobacco Control. Technical report on flavored cigarettes at the point of sale in Latin America; 2017 (https://globaltobaccocontrol.org/resources/technical-report-flavored-cigarettes-point-sale-latin-america, accessed 9 August 2018).
56. Agência Nacional de Vigilância Sanitária. STF julga improcedente ação contra RDC da Anvisa; 2018 (http:// portal.anvisa.gov.br/noticias/-/asset_publisher/FX-rpx9qY7FbU/content/stf-julga-improcedente-acao-contra-rdc-da-anvisa/219201, accessed 9 August 2018).
57. World No Tobacco Day 2012: tobacco industry interference. Geneva: World Health Organization; 2012 (http:// www.who.int/tobacco/wntd/2012/en/, accessed 9 August 2018).
58. Lencucha R, de Lima Pontes C. The context and quality of evidence used by tobacco interests to oppose ANVISA's 2012 regulations in Brazil. Glob Public Health; 2017 13(9):1204-1215. doi: 10.1080/17441692.2017. 1373839.
59. Tiessen J, Hunt P, Celia C, Fazekas M, de Vries H, Staetsky L et al. Assessing the impacts of revising the Tobacco Products Directive: study to support a DG SANCO impact assessment. Final report. RAND Europe; 2010 (https:// ec.europa.eu/health/sites/health/files/tobacco/docs/tobacco_ia_rand_en.pdf, accessing 9 August 2018).
60. O'Connor, R. Heat-not-burn tobacco products. Background paper First Meeting Global Tobacco Regulators Forum. 2017.
61. WHO Study Group on Tobacco Product Regulation: report on the scientific basis of tobacco product regulation: sixth report of a WHO study group. Geneva: World Health Organization; 2017 (WHO Technical Report Series, No. 1001; http://apps.

who.int/iris/handle/10665/260245, accessed 9 August 2018).

62. FCTC/COP/6/14 Work in progress in relation to Articles 9 and 10 of the WHO FCTC. Geneva: World Health Organization; 2014.
63. Guidance for industry. Demonstrating the substantial equivalence of a new tobacco product: responses to frequently asked questions (Edition 3). Silver Spring (MD): United States Food and Drug Administration, Center for Tobacco Products; 2016 (https://www.fda.gov/downloads/TobaccoProducts/Labeling/RulesRegulationsGuidance/UCM436468.pdf, accessed 9 August 2018).
64. U.S. Food and Drug Administration, Center for Tobacco Products. Draft Guidance for Industry: Premarket Tobacco Product Application for Electronic Nicotine Devices (ENDS). Silver Spring, MD: Center for Tobacco Products; 2016 (https://www.fda.gov/downloads/TobaccoProducts/ Labeling/RulesRegulationsGuidance/UCM499352.pdf, accessed 9 August 2018).
65. US Food and Drug Administration, Center for Tobacco Products. Draft Guidance: Modified Risk Tobacco Product Application. Silver Spring, MD: Center for Tobacco Products; 2012 (https://www.fda.gov/downloads/TobaccoProducts/GuidanceComplianceRegulatoryInformation/ UCM297751.pdf, accessed 9 August 2018).
66. WHO Study Group on Tobacco Product Regulation: report on the scientific basis of tobacco product regulation: fifth report of a WHO study group. Geneva: World Health Organization; 2015 (WHO Technical Report Series, No. 989; http://www.who.int/tobacco/publications/prod_regulation/trs989/en/, accessed 9 August 2018).
67. E-cigarette Use Among Youth and Young Adults: A Report of the Surgeon General. Rockville, MD: USDHHS Surgeon General; 2016 (https://e-cigarettes.surgeongeneral.gov/ documents/2016_SGR_Exec_Summ_508.pdf, accessed 9 August 2018).
68. Soneji S, Barrington-Trimis JL, Wills TA, Levethal AM, Unger JB, Gibson LA et al. Association between initial use of e-cigarettes and subsequent cigarette smoking among adolescents and young adults: a systematic review and meta-analysis.

JAMA Pediatr. 2017; 171(8):788–97. doi: 10.1001/jamapediatrics.2017.1488.

69. Beard E, Brown J, McNeill A, Michie S, West R. Has growth in electronic cigarette use by smokers been responsible for the decline in use of licensed nicotine products? Findings from repeated cross-sectional surveys. Thorax. 2015; 70(10):974-8 (https://thorax.bmj.com/ content/70/10/974, accessed 9 August 2018).
70. Levy DT, Zhe Y, Yuying Luo MS, Abrams, DB. The relationship of e-cigarette use to cigarette quit attempts and cessation: insights from a large, nationally representative U.S. survey. Nicotine Tob Res. 2017, doi: 10.1093/ntr/ntx166.
71. Scientific Committee on Health, Environmental and Emerging Risks. Opinion on additives used in tobacco products (Opinion 2) tobacco additives II. European Commission, scientific committees; 2016 (https://ec.europa.eu/health/sites/health/files/scientific_committees/ scheer/docs/scheer_o_001.pdf, accessed 9 August 2018).
72. Kienhuis AS, Staal YCM, Soeteman-Hernandez LG, van de Nobelen S, Talhout R. A test strategy for the assessment of additive attributed toxicity of tobacco products. Food Chem Toxicol. 2016; 94:93-102.
73. van de Nobelen S, Kienhuis AS, Talhout R. An inventory of methods for the assessment of additive increased addictiveness of tobacco products. Nicotine Tob Res. 2016; 18(7):1546–55.
74. Talhout R, van de Nobelen S, Kienhuis AS. An inventory of methods suitable to assess additive-induced characterising flavours of tobacco products. Drug Alcohol Depend. 2016; 161:9–14.
75. Levy DT, Borland R, Lindblom EN, Goniewicz ML, Meza R, Holford TR et al. Potential deaths averted in USA by replacing cigarettes with e-cigarettes. Tob Control. 2018; 27(1):18-25. doi:10.1136/tobaccocontrol-2017-053759.
76. Stephens WE. Comparing the cancer potencies of emissions from vapourised nicotine products including e-cigarettes with those of tobacco smoke. Tob Control; 2018; 27:10–7. doi:10.1136/tobaccocontrol-2017-053808.
77. Chen J, Bullen C, Dirks K. A comparative health risk assessment of electronic

cigarettes and conventional cigarettes. Int J Environ Res Public Health. 2017; 14(4):382. doi:10.3390/ijerph14040382.

78. Nutt DJ, Phillips LD, Balfour D, Curran HV, Dockrell M, Foulds J et al. E-cigarettes are less harmful than smoking. Lancet. 2016; 387(10024):1160–2. (https:// www. thelancet.com/journals/lancet/article/PIIS0140-6736 (15)00253-6/fulltext?rss%3Dyes, accessed 9 August 2018). doi: https://doi.org/10.1016/S0140-6736(15) 00253-6.

79. Menthol capsules in cigarette filters – increasing the attractiveness of a harmful product. Heidelberg: German Cancer Research Centre; 2012 (Red Series Tobacco Prevention and Tobacco Control Volume 17; https://www. dkfz.de/de/tabakkontrolle/download/Publikationen/ RoteReihe/Band_17_Menthol_Capsules_in_Cigarette_Filters_en.pdf, accessed 9 August 2018).

80. Administrative Court Judgement of 26 September 2012, File number 5 A 206/11 (http://www.verwaltungsgericht- braunschweig.niedersachsen.de/aktuelles/pressemitteilungen/kein-verkauf-von-zigaretten-mit-aromakapsel--109195.html).

81. FCTC/COP/3/6 Elaboration of guidelines for implementation of Articles 9 and 10 of the Framework Convention for Tobacco Control. Geneva: World Health Organization; 2008.

82. WHO Tobacco Free Initiative. Tobacco product regulation. Geneva: World Health Organization (http://www.who. int/tobacco/publications/prod_regulation/en/, accessed 8 August 2018).

83. Chemicals in cigarettes: from plant to product to puff. Silver Spring (MD): United States Food and Drug Administration; 2017 (https://www.youtube.com/watch?v=0-FdLCcFyQc, accessed 8 August 2018).

Annex 1. Provisions of the EU Tobacco Products Directive (TPD2)

Labelling and packaging

1.1 Large mandatory pictorial health warnings

Graphic health warnings with photos, text and cessation information now cover 65% of the front and back of the packs for cigarette, roll-your-own tobacco (RYO) and waterpipe tobacco packs. Depicting the social and health impact of smoking, the warnings are designed to discourage people from smoking or encourage them to quit. The warnings, for which the European Union holds the copyright, are grouped into three sets of 14 each, to be rotated every year, to ensure that they retain their impact for as long as possible.

While the new rules mean that health warnings will cover a substantial part of the total surface of cigarette packages, a certain space will remain available for branding. TPD2 specifically allows Member States to introduce further requirements relating to standardisation of packaging – or plain packaging – where they are justified on grounds of public health, are proportionate and do not lead to discrimination or hidden barriers to trade between Member States.

Labelling of other tobacco products

Whereas the EU Directive covers all tobacco products, Member States have some more discretion when it comes to labelling rules for tobacco products for smoking not currently used by vulnerable population groups in significant quantities such as pipe tobacco, cigars, and cigarillos. While Member States could choose to exempt these products from stringent labelling rules, e.g. combined health warnings, they are obliged to ensure that these products carry a general warning and an additional text warning of at least 30%.

Smokeless tobacco products have to display a specific health warning on the two largest surfaces of the pack, each covering at least 30% ("This tobacco product damages your health and is addictive").

As in the former Directive, specific rules apply for the placement and size of all warnings.

General health warning and replacement of TNCO labelling by an information message

The tar, nicotine and carbon monoxide (TNCO) labelling on cigarettes and RYO tobacco, mandatory under TPD1, was replaced with an information message that informs consumers that "Tobacco smoke contains over 70 substances known to cause cancer". This provision was chosen in line with WHO FCTC Article 11 and the guidelines on its implementation. Research had shown that TNCO labelling is misleading to consumers as it makes them believe that some products are less risky to their health than others. The new information message more accurately reflects the true health consequences of smoking and complements the general health warning "Smoking kills"/"Smoking kills – quit now". However, the upper limits for emission for TNCO (measurement according to ISO standards 4387 for tar, 10 315 for nicotine, and 8454 for carbon monoxide) have been kept to ensure consistency of permissible products on the EU market. Furthermore, the Directive foresees the possibility to adapt emission measurement methods and limits for TNCO and allows for setting maximum emission levels for other substances as well as in other tobacco products, based on scientific and technical developments or internationally agreed standards. The information message and the general health warning each cover 50% of the surface area on which they are printed. This surface depends on the type of packaging used.

No more promotional or misleading packages

The TPD entails provisions to reduce the attractiveness of products and increase the noticeability of the health information. Cigarette packs must have a cuboid shape to ensure visibility of the combined health warnings. Certain package types appealing to young people, such as packs containing less than 20 cigarettes and lipstick-style slim packs are no longer allowed. Furthermore, promotional or misleading features or elements are banned as well as references to lifestyle benefits, taste or flavourings. Special offers and suggestions that a particular product is less harmful than another, or has improved biodegradability or other environmental advantages, are no longer possible.

1.2 Ingredient Reporting and Regulation

Ban on cigarettes and RYO with characterizing flavours

Cigarettes and RYO tobacco products may no longer have characterizing flavours such as menthol, vanilla or candy that mask the taste and smell of tobacco. TPD2 aims at avoiding unjustified differences of treatment between different types of flavoured cigarettes, in light of the experience gained by other jurisdictions (see e.g. Chapter 2). However, it has been agreed that products with a characterizing flavour with a higher sales volume (more than 3% EU wide) should be phased out over an extended time period (until 19 May 2020) to allow consumers adequate time to switch to other products.

A procedure for determining whether a tobacco product has a characterizing flavour, and an independent advisory panel supported by a technical group of chemical and sensory assessors, has been set up to assist the Commission and Member States in the decision-making process. The exemption of these provisions for other tobacco products may be withdrawn if there is a substantial change in the sales volume and use of these products in young people.

Ban on additives or products with certain properties

Certain additives that are associated with certain positive properties (e.g. health benefits, reduced risks, energy, vitality), that have colouring properties or that facilitate inhalation or nicotine uptake are prohibited. Likewise, products containing additives which increase the toxicity or addictiveness of a tobacco product are banned.

Ban on flavourings in certain components of tobacco products

Tobacco products shall not contain flavourings in any of their components such as filters, papers, packages, capsules or any technical features allowing modification of the smell or taste of the tobacco products concerned or their smoke intensity. Filters, papers and capsules shall not contain tobacco or nicotine. This provision aims at ensuring that innovative and attractive design features likely to increase experimentation and consumption are prohibited.

Mandatory electronic reporting on ingredients, emissions and sales data

To gather more information on the ingredients contained in tobacco products and their effects on health and addiction, manufacturers and importers of tobacco products are required to report on ingredients in all products they place on the EU market through a standardized electronic format, the EU-CEG, as well as information on certain emissions. Relevant toxicological data shall also be submitted. Furthermore, manufacturers and importers are required to report on marketing studies and sales data.

Priority additives

Certain frequently used substances (priority additives) where initial indications have suggested that they contribute to the toxicity, addictiveness and/or result in characterizing flavours in cigarettes and RYO tobacco are subject to more detailed reporting requirements. A first list of such additives has been developed as part of the implementation of TPD2.

1.3 E-cigarettes/ENDS

Safety and quality requirements

TPD2 introduces for the first time a regulatory framework for e-cigarettes. This includes certain safety and quality requirements for e-cigarettes and for refill containers containing nicotine. Inter alia, the Directive sets maximum nicotine concentrations and maximum volumes for cartridges, tanks and nicotine liquid containers. E-cigarettes should be child-resistant and tamper proof, and have a mechanism that ensures refilling without spillage to protect consumers. E-cigarette ingredients must be of high purity and e-cigarettes should deliver the nicotine doses at consistent levels under normal condition of use.

Packaging and labelling rules

Mandatory health warnings for e-cigarettes and refill containers advise consumers that e-cigarettes contain nicotine and should not be used by non-smokers. Packaging must also include a list of all ingredients contained in the product, information on the product's nicotine content and a leaflet setting out instructions for use and information on adverse effects, risk groups and addictiveness and toxicity. Furthermore, promotional elements are not allowed on e-cigarette and refill container packaging, and cross-border advertising as well as promotion is prohibited.

Notification and monitoring

As e-cigarettes are still a relatively new product for which evidence is only starting to emerge, the Directive lays down notification and monitoring requirements for manufacturers and importers, Member States as well as the Commission (Chapter 5). E-cigarette manufacturers must submit a prior notification (six months) to Member States on all products they intend to place on the market, including information on ingredients, emissions and toxicological data. They must report annually on sales volumes, consumer preferences and trends. Member State authorities will monitor the market for any evidence that e-cigarettes lead to nicotine addiction or to tobacco consumption, especially in young people and non-smokers.

1.4 Cross-border distance sales

The Directive allows individual Member States to prohibit cross-border distance sales, which give consumers – including the very young – access to products that do not comply with the Directive. Should an EU country choose this option, the retail outlets in question cannot supply their products to consumers located in that country. If a Member State does not ban such sales, retail outlets must register with the competent authorities and must notify their activity prior to the first sale, both in the country where they are located (if within the EU), and in the country where they plan to sell their products.

Member States shall also ensure an age-verification system to ensure that tobacco products are not sold to children and adolescents.

1.5 Novel tobacco products

TPD2 contains provisions on novel tobacco products, i.e. tobacco products which do not fall into certain established tobacco product categories and were placed on the market after 19 May 2014. Manufacturers/importers of novel tobacco products must submit a prior notification (six months) to Member States where they intend to place such a product on the national market. The notification shall be accompanied by a detailed description of the product and its use, information on ingredients and emissions as well as scientific data, studies and reports on toxicity, addictiveness and attractiveness, consumer preferences, risk-benefit and expected impacts on cessation and initiation. Member States may require further data and may introduce a system for the authorisation of these products.

Like other tobacco products, novel tobacco products have to comply with the relevant provisions of TPD2. Which of these provisions apply depends on whether those products fall under the definition of a smokeless tobacco product or of a tobacco product for smoking. In either case, promotional elements including health claims are prohibited for novel tobacco products.

1.6 Oral tobacco

The ban of oral tobacco (*snus*) has been maintained in TPD2. It has been banned in the EU since 1992. But even before that date, a number of Member States had banned the product, taking into account its significant growth potential and attractiveness for young people. Sweden has an exemption under its Accession Treaty, provided it ensures that the product is not sold outside Sweden.

1.7 Herbal products

Herbal products for smoking, which are derived from plants, herbs or fruits but contain no tobacco, are subject to reporting obligations regarding their composition. They also need to display a specific health warning on the front and back of the pack.

1.8 Measures to combat illicit trade

New measures intended to combat the illegal trade in tobacco products include EU-wide systems for tobacco traceability and security features. The two systems should help the law enforcement bodies, the national authorities and consumers in detecting illicit products more efficiently. The measures are expected to limit accessibility of artificially cheap, non-TPD2 compliant tobacco products to vulnerable consumer groups such as the young. This should in turn lead to further lowering of the prevalence rates in terms of both of new initiation and quitting rates. In addition, the system should help in shifting a part of the demand for currently illicit tobacco to legal sale channels and hence assist Member States in restoring lost revenues.

These measures will be applicable for cigarettes and roll-your-own tobacco in 2019 and to for tobacco products other than cigarettes and roll-your-own tobacco in 2024. Secondary legislation laying down the technical standards necessary for these systems to become fully operational was adopted by the Commission on 15 December 2017.

1.9 Other considerations

Member States have the right to maintain or introduce further requirements in relation to the standardisation of the packaging of tobacco products. Furthermore, they may prohibit a certain category of tobacco and related products on grounds relating to the specific situation in that Member State. Any such provisions need to be also justified by the need to protect public health, should be proportionate and should not lead to discrimination or trade restrictions between Member States. Therefore, Member States have to notify the Commission and provide justification for these measures.